Das Leben der Insekten

Text und Fotos von Mitsuhiko Imamori
Gestaltung Tsuyoshi Endo

Wissenschaftliche Bearbeitung und Textanhang
von Dr. Claudia Gack,
Zoologisches Institut, Universität Freiburg

Otto Maier Ravensburg

Geleitwort

Ungewöhnliche, geradezu einmalige Bilder, Fotografien beschreiben anhand eines Jahreszyklus', im April beginnend und im März des folgenden Kalenderjahres endend, die faszinierende Welt der Insekten.

Die Einzigartigkeit verdankt das Bildmaterial seiner fernöstlichen Herkunft. In ihm offenbart sich die tief in Religion und Philosophie, Shintoismus und Buddhismus, wurzelnde Naturvertrautheit der Japaner, das innige, auf Harmonie programmierte Beziehungsgeflecht zwischen Mensch und Klima, Mensch und Landschaft, Mensch und Baum, Mensch und Insekt. Die Art der Betrachtung ist auf die naturwissenschaftlichen Daten ausgerichtet, zweifellos, aber sie geht darüberhinaus, ist intuitiv, immer angehalten, das Ganze zu sehen, ist Gestaltwahrnehmung und schließt die Freude am Schönen ein.

Mitsuhiko Imamori, mit der technisch perfekten Handhabung der Kamera ebenso vertraut wie von dem, seinem Volk eigenen, ästhetischen Gefühl und Gespür für Formen und Farben, Gestalt und Entwicklung geleitet, ein Meister der präzisen Wahrnehmung, legt hier Bilder aus dem Leben der Insekten vor, die ein Richtmaß offenbaren, wie es in vielen Kunstkategorien Japans, in Tuschezeichnungen und Kalligraphien, bei Holz- und Lackarbeiten, im Ikebana, der Kunst des Blumenordnens, in Gärten und Hainen und ganz besonders in den Kurzgedichten, den Tankas und Haikus, zum Ausdruck kommt: das Bestreben, vollendet Schönes auf kleinstem Raum und mit sparsamsten Mitteln lebendig werden zu lassen.

So sind die aus einer fernöstlichen Kosmologie zu verstehenden Tierstudien Imamoris für uns Europäer eine anspruchsvolle Schule des Sehens und Begreifens. Man muß sich Zeit nehmen, Geduld haben, die Larven, Puppen, Imagines nicht anders betrachten, beobachten wie Tiere in freier Natur. Man muß immer, vornehmlich aber bei den Entwicklungsreihen, genau hinsehen, sich in die Einzelheiten vertiefen, ohne den Blick aufs Ganze zu vernachlässigen. Erst dann geben die Bilder ihre Geheimnisse preis, ihre wissenschaftlichen wie ihre ethischen. Dann mahnen sie uns zur Verantwortung für die Kreatur, zur Ehrfurcht vor dem Lebendigen.

Dieter Zissler
Institut für Biologie I (Zoologie)
Universität Freiburg i. Br.

Wenn man heutzutage als Fotograf sein Stativ in der Landschaft aufbaut, wird man alsbald mit der Frage besorgter Menschen konfrontiert: „Wird hier etwa eine Straße gebaut?"

Ich habe diese Erfahrung während der Arbeit an meinem Buch mehrfach gemacht. Meine Erklärung, daß ich keine Landvermessungen vornehme, sondern lediglich fotografiere, konnte die Gemüter jedoch nur oberflächlich beruhigen. Diese offenkundige Besorgnis ist ein Hinweis darauf, wie tief der Wunsch in uns verwurzelt ist, eine schöne und lebenswerte Umwelt in ihrer ganzen Vielfalt zu erhalten.

Das Gebiet, in dem die Bilder zu diesem Buch entstanden sind, erstreckt sich ca. 70 km in nordsüdlicher und 50 km in ostwestlicher Richtung am westlichen Ufer des Biwasees.

Ich habe mich bewußt auf diese Region beschränkt, um den engen Bezug der Lebewesen zu ihrer unmittelbaren Umwelt und die Faunenzusammensetzung im Verlauf der Jahreszeiten zu dokumentieren und verständlich zu machen.

Ich selbst habe das Glück, inmitten dieser idyllischen Landschaft wohnen zu dürfen. Dieser Umstand kam

Ein Spinnennetz an einem Regentag

meiner Absicht sehr entgegen und ermöglichte es mir, auch abgelegene Orte regelmäßig und ohne lange Anfahrten aufsuchen zu können.

Die Stellen, die ich für meine Fotos auswählte, haben in der Regel keine besonderen Merkmale. Es handelt sich durchweg um ganz gewöhnliche Orte, die überall im Land zu finden sind: Gehölze, Wälder, Bäche, Felder – aber auch von Menschen bewohnte Siedlungen. Es ist eine bemerkenswerte Tatsache, daß die gesamte Region am Biwasee bisher von der Welle der Erschließungsmaßnahmen verschont blieb. Der Grund hierfür dürfte sein, daß ausgewiesene Nationalparks und Naturschutzgebiete sie wie einen schützenden Gürtel umgeben. Ich liebe diese Landschaft. Mensch und Natur scheinen hier noch im Einklang miteinander zu leben.

Dieses Buch stellt eine Zusammenfassung meiner Tagebücher dar, die über einen Zeitraum von insgesamt 12 Jahren entstanden sind – von 1976, als ich zu fotografieren begann, bis 1988. Selbstverständlich waren in all diesen Jahren die klimatischen und strukturellen Bedingungen an den einzelnen Tagen und Monaten nie völlig identisch. Die Beobachtungen, die Eingang in dieses Buch fanden, sind jene, die sich in meinen Aufzeichnungen am häufigsten wiederholten.

Seit meiner Kindheit, als ich in den Bächen fischte und auf den Wiesen Heuschrecken fing, bin ich aufs innigste mit der Natur verbunden. Dieses frühe Interesse sowie die Erkenntnis der dringenden Notwendigkeit, auch ihren Lebensraum zu schützen und zu bewahren, veranlaßten mich, die Insekten in den Mittelpunkt meines fotografischen Werks zu stellen.

Mir ist sehr wohl bewußt, welche Veränderungen unsere Umwelt durch Straßen- und Wohnungsbau, sogar in Waldgebieten, verkraften muß und in welchem Umfang damit den Lebewesen ihre Lebensgrundlage entzogen wird. Doch lassen wir den Pessimismus einmal beiseite. Ich wünsche mir vielmehr, mit meinen Bildern dem Betrachter die winzigen Geschöpfe unserer unmittelbaren Umgebung in ihrer ganzen Vielfalt und Schönheit vor Augen zu führen und einen Einblick in eine Welt zu vermitteln, die sich in der Regel unserer alltäglichen Erfahrung entzieht.

Mitsuhiko Imamori

Inhalt

Junge Gottesanbeterin

Juni 40

Juli 62

August 86

November 142

Dezember/Januar/Februar 152

März 162

Was ist ein Insekt 169

April

Erste Dekade:
Typisch für den April sind die noch unbeständigen Witterungsverhältnisse und manche frostige Nacht – so als ob der Winter zurückgekehrt sei. Aber der Frühling ist nicht mehr aufzuhalten. Die ersten Vorboten, wie die blühenden Kirschbäume, das Erscheinen der ersten Schwalben und vereinzelte Schmetterlinge, sprechen eine deutliche Sprache.

Zweite Dekade:
Allmählich steigen die Temperaturen. Mittags erreicht das Thermometer annähernd 20 Grad. Die ersten Schwalbenschwänze fliegen munter umher, Heuschreckenlarven schlüpfen. Die Aktivität der Lebewesen nimmt erkennbar zu.

Dritte Dekade:
Die Bäume haben ihr Blattwerk bereits vervollständigt, und an manchen Abenden hört man schon die Laubfrösche quaken.

Die Geburt einer Heuschrecke:
Synchron mit dem Auskeimen der ersten zarten Triebe schlüpfen die jungen Heuschrecken. So ist gewährleistet, daß die Larven vom ersten Tag an genügend Nahrung vorfinden.

April
Tagesbeobachtungen

Junge Farntriebe

1 Fleckenfalter *(Polygonia c-aureum)*, waren aus dem Winterschlaf erwacht; Japanische Quitte und Kobusmagnolie, beide halb erblüht; ein Ehrenpreis, bereits in voller Blüte.

Löwenzahn

2 Holunder, kurz vor der Blüte; am Deich blühte bereits der Löwenzahn; Schwebfliegen *(Sphaerophoria cylindrica)*, NO-Schmetterling *(Kanisca canace NO-japonicum)* sowie Bläulinge *(Ahlbergia ferrea)*.

Japanischer Hundszahn

3 Zunehmende Zahl von Kohlweißlingen; Wollschweber *(Bombylius major)* flogen lebhaft umher; Raps stand bereits in voller Blüte; die ersten Fruchtstände des Löwenzahns *(Taraxacum officinale)* gesehen.

Straußfarn

4 Viele aktive Marienkäfer *(Coccinella septempunctata)*; ein Roter Admiral *(Vanessa indica)* beim Sonnenbad; der erste Scheinbockkäfer *(Oedemeronia lucidicollis)*.

Weißlinge auf Löwenzahn.

5 Schwarze Feldameisen *(Formica fusca japonica)* in Massen auf den Wegen; Schwebfliegen flogen lebhaft umher und der Bläuling *Ahlberghia ferrea* war bereits in Aktion.

Junge Blätter

6 Die beiden Eichenarten *Quercus serrata* und *Q. acutissima* trieben bereits die ersten Knospen; Kobusmagnolien in voller Blüte; ein flatternder Zürgelbaumfalter *(Libythea celtis)* und ein Ochsenfrosch.

Großer Wollschweber

7 Japanischer Hundszahn *(Erythronium japonicum)* in voller Blüte; einen Großen Fuchs *(Nymphalis xanthomelas japonica)* noch in der Winterruhe und die erste Wasserwanze gesehen.

Japanische Quitte

8 Der erste Schwalbenschwanz in diesem Jahr; Laubfrösche auf der Wiese; Frühlingsorchideen *(Cymbidium goeringii)* bereits in voller Blüte und die Straußfarne *(Matteucia struthiopterys)* trieben kräftig aus.

Heloniopsis orientalis

9 Der Schnee auf den Gipfeln des Hiragebirges begann zu schmelzen; einen Kolbenwasserkäfer *(Hydrophilus acuminatus)* im Bach aufgespürt; Zitronenfalter *(Gonepteryx nipponica)* und Feldwespen *(Polistes chinensis)*.

Rapsfeld

10 Hatte das Glück, die Paarung von Kohlweißlingen und das Liebeswerben von *Pieris melete* beobachten zu können. Ansonsten: Raupen von *Sasakia charonda* am Stamm des Zürgelbaumes entdeckt und einen Japanischen Schwalbenschwanz *(Luehdorfia japonica)* gesehen.

Stachyurus praecox

11 *Aralia elata* trieb erste Knospen; Japanische Schmalbienen *(Lasioglossum nipponense)* bauten bereits ihr Nest; wieder viele Feldwespen *(Polistes japonicus)*, Weißlinge *(Anthocaris scolymus)*, eine schwarze Wespe und ein Wollschweber *(Bombylius major)*.

Feuerfalter

12 Eine Gelblingart *(Colias erate poliographus)*, viele Weißlinge *(Anthocaris scolymus)* und Schwalbenschwänze *(Papilio machaon hippocrates)*. Kirschen und Lerchensporn *(Corydalis pallida)* standen in voller Blüte.

Spitzeiche

13 Eine Stabwanze *(Ranatra chinensis)* am Teich entdeckt; Große Roßameisen *(Camponotus japonicus)* auf Nahrungssuche; ein Bläulingsweibchen *(Ahlbergia ferra)*; zunehmend mehr Feldwespen und viele lebhafte Weißlinge *(Pieris melete)*.

Scheinbockkäfer

14 Schwalbenschwänze *(Papilio xuthus)*; auffällig viele Bienen am Löwenzahn und Akebia-Ranken noch im Knospenstadium.

Erle

15 Feldwespen in großer Zahl; *Polygonia c-aureum* und *Libythea celtis celtoides* (beide Nymphalidae) sowie ein Augenfalter *(Yphtima argus)* auf Raps.

Ahorn

16 Laufkäfer *(Carabus dehaanii)* wimmelten im Gehölz umher; im Bach eine Libellenlarve *(Planaeschna milnei)* gefangen, dort auch Larven der Smaragdlibelle *(Somatochlora viridiaenea)*, Wasserskorpione *(Laccotrephes japonensis)* sowie erstaunlich viele Kärpflinge.

Kohlweißling auf Raps

17 Riesenwasserwanzen *(Lathocerus deyrollei)* wurden aktiv; das Eigelege eines Schmetterlings *(Luehdorfia japonica)* gefunden; die Radnetzspinnen *(Araneus uyemurai)* erwachten aus ihrem Winterschlaf.

Lindera umbellata

18 Schmetterlinge *(Luehdorfia japonica)* paarten sich; Kohlschnaken tanzten über dem Wasser; der erste Blattkäfer *(Paridea quadriplagiata)*; auffallend schöne Elfenblumen *(Epimedium grandiflorum var. thunbergianeum)*. Der Ginkgobaum zeigte seine ersten Knospen.

Chinesische Feldwespe

19 Unzählige Marienkäfer *(Coccinella septempunctata bruckii)* saßen in den Büschen; schwarze Blattroller *(Apoderus erythrogaster)*, Laufkäfer *(Carabus procerulus)* und eine Radnetzspinne *(Araneus scylla)*. Veilchen und Erdbeeren standen in voller Blüte.

Disporum smilacinum

20 Eigelege von Marienkäfern gefunden; *Copris ochus* und der Dungkäfer *(Onthophagus viduus)* waren geschäftig; Ölweiden standen in voller Blüte.

Honigbiene und Astragalus

21 Viele Schmetterlingsraupen, besonders von *Dendrolimus spectabilis*, gesehen; Mistkäfer *(Geotrupes laevistriatus)* flogen umher; *Gallerucida nigromaculata* und Weißlingsweibchen bei der Eiablage beobachtet.

Löwenzahn, Fruchtstände

22 Distelfalter *(Anthocaris scolymus)* kopulierten; Holzbienen *(Xylocopa appendiculata)* schwärmten durch ihr Revier; männliche Langhornbienen *(Eucera difficilis)*, schwarze Waldameisen sowie aufblühende Bergazaleen *(Rhododendron kaempferi)*.

Sommer-Ölweide

23 Auffallend viele lebhafte Rote Bockkäfer *(Purpuricenus temminckii)*; mehrere Eigelege von Schmetterlingen *(Luehdorfia japonica)* gefunden; grünliche Mistkäfer *(Geotrupes auratus)* sowie zahlreiche Marienkäfer.

Birne

24 Ein Wasserskorpion *(Laccotrephes japonensis)* erbeutete und fraß eine Kaulquappe; *Geotrupes laevistriatus* legte sein Nest an; Zürgelbaumfalter bei der Eiablage auf Zürgelbäumen und viele Hummeln gesehen.

Ginkgobaum

25 Radnetzspinnen beim Netzbau; unglaublich flinke Schwimmkäfer *(Cybister japonicus)* im Teich; eine Frühjahrsform des Zipfelfalters *(Rapala arata)*; Marienkäferlarven und Blütenspinnen.

Gundermann

26 Feldwespen *(Polistes japonicus)* sammelten Nestmaterial; etliche Laufkäfer *(Damaster blaptoides)*; die ersten Nester vom Blattroller *(Apoderus erythrogaster)* aus kunstvoll gerollten Blättern; Holzbienen, Stabwanzen *(Ranatra chinensis)* und mehrere Larven der Teufelslibelle *(Anotogaster sieboldii)*.

Süßklee

27 Versucht, einen Schwimmkäfer *(Cybister japonicus)* zu fangen und einer Radnetzspinne *(Araneus scylla)* beim Netzbau zugeschaut.

Laubgehölz

28 Die interessante Nestkonstruktion der Blattwespe *(Lagium platycerus)* entdeckt; der Rote Admiral *(Vanessa indica)* begann mit der Eiablage.

Pestwurz

29 Eine Stabwanze erbeutete einen Kärpfling; Roßameisen *(Camponotus japonicus)* eifrig beim Nestbau; unzählige Heuschreckenlarven *(Gampsocleis buergeri)* und den Blattkäfer *Gallerucida nigromaculata* gesehen.

Laubheuschreckenlarve

30 Blattroller *(Apoderus erythrogaster)* in großer Zahl; Weißlinge *(Pieris melete)* paarten sich; viele Holzbienen unterwegs sowie *Papilio bianor dehanii* und Riesenwasserwanzen *(Lethocerus deyrollei)*.

Tatort Blüte

Krabbenspinnen auf Beutefang

Man sollte denken, daß blütenbesuchende Insekten bei der Nahrungsaufnahme vor Feinden sicher sein können. Doch weit gefehlt: Einige Blütenspinnen haben sich darauf spezialisiert, in Blüten versteckt auf Insekten zu lauern. Sie töten diese mit einem starken Gift, um sie anschließend auszusaugen.

Huschspinne frißt einen Blatthornkäfer.

Krabbenspinne erbeutet Kohlschnake.

Selbst größere Beutetiere werden angegriffen, hier eine Schwebfliege.

Eine Ameise wurde erbeutet.

Auch Raupen werden gefangen.

Huschspinne mit einer Wildbiene.

Krabbenspinne und Märzfliege.

Blütenspinne auf einer Distelblüte.

Blütenspinne auf *Astragalus sinicus.*

Blütenspinne auf einer Margerite ...

... und auf Knöterich.

Auf einer Prachtglockenblume ...

... und einem Schmuckkörbchen.

Auf einer Wicke.

Fette Beute: eine Schwebfliege.

Die Krabbenspinnen, zu denen auch die Blütenspinnen gehören, spannen kein Netz, sondern lauern ihrer Beute in Blüten oder an Blättern auf.

Jahrmarkt der Skurrilitäten

Schmetterlingsraupen aus der Nähe betrachtet

Wenn man mit einer Lupe die Köpfe der Raupen betrachtet, entdeckt man die skurrilsten Formen. Manche wird der Anblick begeistern, andere fühlen sich vielleicht abgestoßen. Eine der abgebildeten Raupen zeigt ihr Hinterende. Erkennen Sie, um welche es sich handelt?

Ritterfalter (*Papilio xuthus*)

Schwalbenschwanz *(Papilio machaon)*

Cnidocampa flavescens

Dickkopffalter (Hesperiidae)

Bärenspinner

Edelfalter *(Dichorragia nesimachus nesiotes)*, ungestört

Das gleiche Tier aufgeschreckt. Bei Reizung stellen die Raupen ihre Hörner auf.

Bärenspinner

Bläuling *(Curetis acuta paracuta)*

Eulenraupe *(Apatele major)*

Hestina japonica (Nymphalidae)

Kleiner Eisvogel *(Limenitis camilla)*

Schwärmer *(Clanis bilineata)*

Araschnia burejana strigosa

Raupen von Nachtfaltern sind oft behaart. Doch gibt es so viele Ausnahmen, daß es nicht leicht ist, Raupen von Tag- und Nachtfaltern zu unterscheiden.

Protokoll einer Verwandlung

Von der Puppe zum flugfähigen Käfer

Oft schlüpfen viele Marienkäfer gemeinsam und zur gleichen Zeit. Es ist interessant, ihre Verwandlung zu verfolgen. Manche Marienkäferarten variieren individuell in ihrer Zeichnung. Man kann daher Wetten abschließen, welches Muster der soeben schlüpfende Käfer wohl bekommen wird.

1 17.35 Uhr

2 17.50: Die Puppe richtet sich auf.

3 18.04: Die Puppenhülle dehnt sich.

4 18.05: Kopf und Brustabschnitt …

5 18.06: … befreien sich.

6 18.07: Elytren sind zu sehen.

7 18.08: Vordere Beine …

8 18.08: … und mittlere Beine …

9 18.09: … sind befreit.

10 18.10: Käfer ist ganz geschlüpft.

11 18.11: Er dreht sich um.

12 18.19: Die Hinterflügel glätten sich.

13 18.29: Hinterflügel ausgebreitet …

14 18.46: … und fertig ausgebildet.

15 18.49: Die Flügel werden gefaltet …

16 19.28: … und geborgen.

17 19.50: Die Elytren färben sich.

18 20.40: Ausfärbung vollendet!

Die Marienkäfer sind Räuber. Sowohl die Larven als auch die erwachsenen Tiere fressen Blattläuse. Sie sind daher wichtige Nützlinge z. B. in Gärten.

Vielfalt auf den Punkt gebracht
Punktmustervariationen

Bei diesen Marienkäfern gibt es vier Grundmuster mit zahlreichen Abwandlungen der Zeichnung: zwei rote Punkte auf schwarzem Grund, vier rote Punkte auf schwarzem Grund, mehrere rote Punkte auf Schwarz und schwarze Punkte auf rotem Grund. Die einzelnen Individuen sehen so verschieden aus, daß man nicht auf die Idee kommt, daß sie zu derselben Art gehören. Doch paaren sich die Tiere aller Muster miteinander, und aus den Eiern entstehen wieder Käfer mit der gesamten Musterpalette (s. Seite 183).

Zweipunkttyp (Variation)

Fleckentyp

Paarung zweier verschieden gezeichneter Käfer

Roter Typ

Roter Typ mit Zweipunkttyp

Vierpunkttyp

Roter Typ (stark abgewandelt)

Zweipunkttyp

Vierpunkttyp (bei Eiablage)

Fleckentyp

Roter Typ (leicht abgewandelt)

Vierpunkttyp

Zweipunkttyp (leicht abgewandelt)

Zweipunkttyp (leicht abgewandelt)

Zweipunkttyp (leicht abgewandelt)

Je nach Region unterscheidet sich die Häufigkeit der Typen. Je weiter man nach Westen kommt, desto mehr Zweipunkttypen kann man finden.

Eine rollende Festung

Perfekte Verteidigung gegen Freßfeinde

Die Asseln gehören zu den Krebsen. Man findet sie in Massen unter Steinen, im Garten und an verborgenen Stellen. Typisch für die Kugelasseln *(Armadillidium vulgare)* ist, daß sie sich zu einer Kugel zusammenrollen können und so unangreifbar werden (s. Seite 177).

Angriff einer Roßameise

Verteidigung in Perfektion

Beine und Fühler werden nach innen eingeklappt: Die gepanzerte Kugel ist perfekt!

Andere landlebende Asseln sind die Mauerassel (Oniscus asellus) *und die Kellerassel* (Porcellio scaber). *Beide sind aber nicht in der Lage, sich zusammenzurollen.*

Vorderkörper
vor der Häutung.

Mit ihren kleinen Mundwerkzeugen zerkauen sie welkes Laub.

Während ihres gesamten Lebens und beim Heranwachsen durchläuft eine Kugelassel zahlreiche Häutungen. Es wird stets zuerst die Haut des vorderen, dann die des hinteren Körperabschnitts abgestreift. Dies kann länger als eine Woche dauern. Die Eier legt das Weibchen in einen Brutraum zwischen den Beinen ab. Hier schlüpfen die Jungen und werden in Flüssigkeit wie in einem Aquarium mitgetragen.

Die abgeworfene Haut (Exuvie)
wird gefressen.

Die hinteren Körpersegmente häuten sich.

Männchen

Weibchen (gelbes Fleckenmuster)

Eier im Inneren des Weibchens.

Die jungen Asseln verlassen den Brutraum.

Asseln kurz nach dem Freiwerden.

Die Paarung der Kugelasseln findet im Sommer statt. Ein Weibchen trägt ca. 50 Eier bzw. Larven im Brutraum mit sich herum.

Zungenfertigkeit

Jäger und Beute

Kugelasseln, die sich nur langsam fortbewegen können, werden öfters die Beute von Kröten. Blitzschnell erfaßt sie die lange Zunge und sie verschwinden im Magen. Lurche (Salamander, Frösche und Kröten) stellen potentielle Räuber für eine Reihe von Insekten und andere kleine Arthropoden (Gliederfüßler) dar. Ihre lange, herausschnellende Zunge ist ein phantastisches Fanginstrument.

❶ Eine Kröte entdeckt leichte Beute: eine Kugelassel.

❷ Das Maul klappt auf, die Zunge wird blitzschnell herausgestreckt, . . .

❹ . . . und mitsamt der Beute wieder eingeklappt.

❺ Beute und Zunge sind im Maul verschwunden.

❸ . . . so weit herausgeschleudert, bis sie die Assel erreicht . . .

❻ Guten Appetit!

Stets hungrig, lauern Kröten ununterbrochen auf Beute. Die Fanghandlung verläuft so schnell, daß zwischen den Fotos 1 und 6 nicht einmal 0,2 Sekunden liegen.

Schönheitskonkurrenz

Die Modenschau der Tagfalter

Schmetterlinge und Blüten wetteifern mit ihrer Schönheit. Wenn die Falter in ihrer vollen Pracht leichtflügelig über den Blüten tanzen, sind sie der Augenfang einer jeden Blumenwiese. Die unzähligen Muster und Farben, mit denen sich Schmetterlinge schmücken, sind oft zugleich Erkennungsmerkmal für Artgenossen (s. Seite 181).

Roter Admiral auf einer Aster.

Yphtima argus auf Raps.

GÄRTEN UND FELDER

Schwalbenschwanz *(Papilio xuthus)*

Faulbaumbläuling *(Celastrina argiolas)*

Dickkopffalter *(Parnara guttata)*

C-Falter auf einer Rapsblüte.

Kleiner Feuerfalter

Argyreus hyperbius (Nymphalidae)

Weißling *(Pieris melete)*

Eurema hecabe mandarina

Zipfelfalter *(Rapala arata)*

Weißling *(Anthocharis scolymus)*

Dickkopffalter *(Pelopidas mathias)*

Bläuling *(Everes argiades hellotia)*

Schwarzer Schwalbenschwanz

Die Schmetterlinge, die auf diesen beiden Seiten vorgestellt werden, besuchen zu ganz verschiedenen Jahreszeiten die jeweiligen Blüten.

WIESENFALTER

Dickkopffalter *(Polytremis pellucida)*

Kaisermantel *(Argynnis paphia geisha)*

Argynnis anadyomene midas

Heufalter *(Colias erate poliographus)*

Schwalbenschwanz *(Papilio xuthus)*

Perlmutterfalter *(Argyronome laodice)*

Großer Kohlweißling *(Pieris brassicae)*

Graphium sarpedon (Papilionidae)

WÄLDER UND TÄLER

Dickkopffalter

Zitronenfalter *(Gonepteryx mahaguru)*

Luehdorfia japonica

Apollofalter *(Parnassius glacialis)*

Bläuling *(Ahlbergia ferrea)*

Zipfelfalter *(Spindasis takanonis)*

Kleiner Eisvogel *(Limenitis camilla)*

Papilio helenus nicconicolens

Nymphalis xanthomelas (Nymphalidae)

Landkärtchen *(Araschnia burejana)*

Dickkopffalter *(Thoressa varia)*

Dickkopffalter *(Choaspes benjaminii)*

Schutz für Nahrung
Ameisen und Blattläuse

Zu Tausenden besiedeln Blattläuse ihre Wirtspflanzen, um deren süßen Pflanzensaft zu saugen. Nur ein Teil der Nährstoffe wird allerdings entnommen – der Rest als zuckerhaltiger Saft wieder abgegeben. Diese Ausscheidung stellt eine begehrte Nahrung für Ameisen dar.

Ameise sammelt Honigtau an einer Blattlaus.

Die Nahrung wird mit Tieren aus dem gleichen Bau geteilt.

Eine Roßameise nähert sich den Blattläusen.

Die Roßameise leckt den Honigtau ab.

Durch Betrillern des Hinterleibs werden die Blattläuse zur Abgabe des süßen Honigtaus angeregt.

Die großen Roßameisen *(Camponotus japonicus)* bevorzugen den Honigtau von Schildläusen.

Als Gegenleistung für den stark zuckerhaltigen Honigtau der Blatt- und Schildläuse schützen die Ameisen die Läuse vor anderen räuberischen Insekten.

Aufsässige Milben
Parasiten und Schmarotzer

Zecken können nicht nur für den Menschen gefährlich sein, sondern auch für Tiere. Es gibt auch eine Reihe Milben, die an Insekten schmarotzen. Sie klammern sich an einer Stelle des Insektenkörpers fest, die das Insekt nicht erreichen und putzen kann (s. Seite 180).

Raubwanze *(Velinus nodipes)*

Kleinlibelle *(Copera annulata)*

Blattlaus *(Lachnus tropicalis)*

Blattlaus

Junge Trichterspinne

Wanze *(Homoeocerus unipunctatus)*

Ameisenspinne *(Salticidae)*

Schwefelkäfer *(Cteniopinus hypocrita)*

Die parasitierenden Milben sind jeweils gut zu erkennen.

Insgesamt kennt man bisher ca. 30.000 Milbenarten auf der Welt, aber nur ein Teil dieser Arten ernährt sich von Blut und anderen Körpersäften.

Mai

Erste Dekade:
Die Tagestemperaturen steigen allmählich an. Nachts wird es nur noch selten kälter als 10 Grad. Tagsüber sieht man bereits erste Libellen auf Erkundungsflug. Seidenspinnerlarven fressen an den Trieben der Spitzeichen und wachsen dabei sehr schnell heran. Das Sonnenlicht bricht durch die Bäume und taucht den Wald in ein zauberhaftes Licht.

Zweite Dekade:
Es gibt Tage, an denen die Temperatur bereits über 25 Grad klettert, und man beginnt zu schwitzen. Den frischgeschlüpften Larven der Gottesanbeterin hingegen kommen diese Temperaturen sehr gelegen.

Dritte Dekade:
Die Grünfärbung der Blätter an den Laubbäumen nimmt an Intensität zu. Erste Weißstreifenbockkäfer lassen sich sehen.

Diese Honigbienenarbeiterin startet in einen arbeitsreichen Sommer.

Mai
Tagesbeobachtungen

Binsenlilie

1 Lebhafte Aktivitäten von Wasserkäfern *(Cybister japonicus)* und Stabwanzen *(Ranatra chinensis)*, Goldmistkäfer *(Geotrupes auratus)*, Ölkäfer (Meloidae) sowie eine Wasserwanze *(Lathocerus deyrollei)*.

Cryptocephalus instabilis

2 Heuschreckenlarven *(Gampsocleis buergeri)* gesehen; Blatthornkäferlarven *(Allomyrina dichotoma)* fraßen an Blättern; Roßameisen *(Camponotus japonicus)* beim Nestbau; Rüsselkäfer *(Parplapoderus pardalis)* gefunden; wilde Azaleen *(Rhododendron kaempferi)* und *Astragalus sinicus* in Blüte.

Quercus serrata

3 Die Feldwespen *(Polistes yokohamae)* fliegen bereits; Blattroller *(Phialodes rufipennis)*, Radnetzspinnen *(Araneus ventricosus)* sowie Papierwespen gesehen. Der Reisanbau hat begonnen.

Schilf

4 Hummeln *(Bombus sapporensis)* begannen mit dem Nestbau ; ein Schmetterling *(Hestina japonica)* verpuppte sich; Bockkäfer *(Purpuricenus temminckii)*, viele *Parnassius glacialis* sowie Wollkrautblütenkäfer *(Anthrenus verbasci dermestidae)* beobachtet.

Furchenbiene auf Erdbeerblüte

5 Libellenlarven *(Anax nigrofasciatus)* bei der Häutung; *Graphium sarpedon* (Papilionidae), ein Kohlweißling *(Pieris rapae crucivora)* auf Erdbeerblüten und *Acrothinium gaschkevitchi* (Chrysomelidae). Am Teich ertönte ein lautstarkes Laubfroschkonzert.

Hirtentäschel

6 Libellen *(Anax nigrofasciatus)* schlüpften aus; ein Schwalbenschwanz *(Papilio machaon hippocrates)*, Weibchen vom Weißling *(Anthocaris scolymus)*, eine Florfliege *(Chrysopa nipponensis)* sowie ein Weichkäfer *(Themus cyanipennis)*.

Brombeeren

7 Frühlingszikaden *(Terpnosia vacua)* begannen zu singen; Wasserläufer *(Gerris paludum insularis)* bei der Paarung beobachtet und Kleinlibellen *(Sympecma paedisca)*.

Apoderus erythrogaster

8 Dickkopffalter *(Erynnis montanus* und *Parnara guttata)* flogen umher; eine Sackträgermotte *(Clania minuscula)*, Marienkäfer *(Aiolocaria mirabilis)* und Blattkäfer *(Lema diversa)*. Die Bitterorangen *(Poncirus trifoliata)* standen in voller Blüte.

Youngia japonica

9 *Rodolia cardinalis* (Coccinellidae), wunderschöne Prachtkäfer *(Trachys falcatae)*, Bärenspinner *(Philosamia cynthia pryeri)*, Dungkäfer *(Aphodius rectus)* und viele Grillen. Die Mandarinen trieben aus.

Löwenzahn (Fruchtstand)

10 Zwei Kohlweißlinge *(Pieris rapae crucivora)* bei der Paarung beobachtet; die Frühlingsform von *Hestina japonica* gesehen; Raupen von Bläulingen *(Chrysozephyrus hisamatsusanus)* und viele Mistkäfer *(Aphodius rectus)*.

Geißblatt

11 Glyzinen *(Wisteria floribunda)* und Deutzien *(Deutia crenata)* standen in voller Blüte; Rüsselkäfer *(Phymatapoderus pavens)*, Siebenpunktmarienkäferlarve, ein Rosenkäfer *(Cetonia roelofsi)* und ein besonders schöner Kolbenwasserkäfer *(Hydrophilus acuminatus)*.

Tigernatter

12 Auffallend viele schwarze Zweipunktmarienkäfer *(Cryptogonus arbiculus)*; Libellen *(Gomphus postocularis und (Mnais strigata)*, Schwarzbockkäfer *(Spondylis bupresloides)* paarten sich und Sandbienen (Andrena) beim Nestbau zugeschaut.

Wicke

13 Larven der Gottesanbeterin *(Paratenodera angustipennis)* frisch geschlüpft; Blattroller *(Apoderus praecellus)*, Blaupfeillibellen *(Orthetrum albistylum speciosum)*, Dungkäfer *(Onthophagus viduus)* und wieder einige Prachtlibellen *(Mnais strigata)*.

Wassertropfen

14 Die Häutung der Königslibelle *(Anax nigrofasciatus nigrofasciatus)* beobachtet; ansonsten: Marienkäfer *(Illeis koebelei)* und Aaskäfer *(Eusilpha japonica)*. Die Blüten von *Caesalipinia sepiaria* öffneten sich.

Junge Gottesanbeterinnen

15 Hellrote Blattroller *(Apoderus rubidus)*, Schwärme von Blaupfeillibellen *(Orthetrum japonicum)*, auffallend viele Schmetterlinge *(Papilio bianor dehaanii)* und die Larven des Marienkäfers *(Harmonia axyridis)* sowie Roßameisen *(Camponotus obscuripes)*.

Gelege einer Schildwanze

16 Blattkäfer *(Trichochrysea japana)*, Spanner *(Erebomorpha consors)*, Schildwanzen *(Nezara antennata)*, Larven von Wasserwanzen *(Diplonychus japonicus)*, umherfliegende Schnellkäfer *(Pectocera fortunei)* und Libellen *(Tanypteryx pryeri)*.

Klee

17 Zahlreiche Beobachtungen gemacht: Blattkäfer *(Oreina exanthematica)*, Rüsselkäfer *(Rhynchites heros)*, muntere junge Gottesanbeterinnen *(Paratenodera aridifolia)*, eine Königin der Schwarzen Ameise *(Camponotus japonicus)*, Zikadenlarven *(Obirhora intermedia)* und Raupen des Bläulings *(Antigius attilia)*.

Stechwinde

18 Maikäfer *(Holotrichia kiotoensis)* flogen lebhaft umher; Laufkäfer *(Copris acutidens)*, Raupen von *Nymphalis xanthomelas japonica*, Sumpfwanzen und viele Mistkäfer *(Geotrupes auratus)*.

Eier des Eis-Apollofalters

19 Zikaden zirpten in den Bäumen; gelbe Wasserkäfer *(Eretes sticticus)* schwammen lebhaft umher; Blattkäfer *(Paridea quadriplagiata)*, Eier des Eis-Apollofalters *(Parnassius glacialis)* gefunden; ein schwarzbrauner Trauerfalter *(Neptis aceris intermedia)*.

Wasabia japonica

20 An den Häusern waren zahlreiche Springspinnen *(Plexippus paykulli)*; Libellen *(Ceriagrion melanurum)*, *Araschnia burejana strigosa* (Nymphaelidae), Garten-Maikäfer sowie kleine Aaskäfer *(Necrophorus maculifrons)*.

Fruchtstände von *Astragalus*

21 Die Paarung von Rüsselkäfern *(Mesalcidodes trifidus)* beobachtet; zahlreiche Bläulinge *(Celastrina sugitanii)* flogen umher; ein *Ninguta schrenckii menalcus* (Nympalidae), mehrere Blatthornkäfer *(Maladera japonica)* und: *Ectinohoplia obducta*.

Ameise mit Blattläusen

22 Schildkäfer *(Aspidomorpha difformis)*, ausschlüpfende Ritterfalter *(Papilio maakii tutanus)*, einige Laufkäfer *(Pterostichus fortis)*, Blatthornkäfer *(Ectinohoplia obducta)* und viele Libellen *(Trigomphus interruptus)*.

´ Schildkraut

23 Kleinlibellen *(Cercion calamorum)*, *Dichorragia nesimachus nesiotes* (Nymphalidae), Libellen *(Epiophlebia superstes)*, viele *Lachnosterna kiotonensis* und Stutzkäfer (Histeridae).

Kratzdistel

24 Rotbäuchige Bockkäfer *(Phytoecia rufiventris)* paarten sich; zahlreiche Radnetzspinnen *(Cyclosa octotuberculata)* und Großlibellen *(Anax parthenope julius)*, viele Aaskäfer *(Calosilpha brunnicollis)*. Disteln und Paulowinien *(Paulownia tomentosa)* in voller Blüte.

Paulownie

25 Ölkäfer *(Meloe corvinus)*, Aaskäfer *(Necrophorus maculifrons)* und die Eiablage der Rotbäuchigen Bockkäfer *(Phytoecia rufiventris)* gesehen. Weiterhin mehrere Kurzflügelkäfer *(Oxyporus japonicus)* und Kellerasseln.

Zedern

26 Schwalbenschwanz *(Papilio xuthus)* bei der Eiablage; eine Libelle *(Epophtalmia elegans)* schlüpfte; Wespen *(Vespa analis)* bauten ihr Nest zusehends aus; wieder viele Wasserkäfer *(Laccobius bedeli)* und Laufkäfer *(Carabus dehaanii)* gesehen.

Schaumzikadenlarve

27 Dickkopffalter *(Daimio tethys)*, Larven von *Phraortes illepidus* und Blatthornkäfer *(Popillia japonica)*. Der Spitzwegerich blühte überall.

Ritterfalter

28 Laufkäfer *(Chlaenius naeviger)*, Larve einer Wespe *(Discoelius japonicus)* gefunden, Paarung von Wasserläufern *(Gerris paludum insularis)* beobachtet; ein Nest der Papierwespe *(Polistes japonicus)* entdeckt und Ritterfalter *(Papilio protenor demetrius)* gesehen.

Akebi-Ranke

29 Viele Ritterfalter *(Papilio helenus nicconicolens)* und *Argynnis anadyomene midas* (Nymphalidae) flogen lebhaft umher; erstmals einen Engdeckenkäfer *(Ezonacerda nigripennis)* gesehen und Aaskäfer *(Necrophorus quadripunctatus)* sowie eine Vielzahl Wasserkäfer *(Cybister japonicus)*.

Schildkäfer

30 Zum ersten Mal zeigte sich die Strauchlibelle *(Polycanthagyna malanictera)*; Laufkäfer *(Epomis nigricans)* und *Camponotus japonicus* in Aktion; Seidenspinner *(Bombyx mori mandarina)*, Ritterfalter sowie Dickkopffalter *(Choaspes benjaminii japonica)*.

Weizenfeld

31 Rüsselkäfer *(Apoderus erythrogaster)*, erstmals einen weißgestreiften Bockkäfer *(Batocera lineolata)* gesehen; . ein weiterer Engdeckenkäfer *(Chrysarthia viatica)* und *Neptis philyra excellens* (Nymphalidae).

Verpuppung und …
Kleiner Kohlweißling: Von der Raupe zur Puppe

Die Raupe, bereit zur Verpuppung, wählt einen Platz, um sich an einem seidenen Faden zu befestigen. Diesen schlingt sie sich gürtelartig um den Körper. Nach mehreren Stunden reißt die Raupenhaut auf, und die fertige Puppe kommt zum Vorschein.

❶ 20.55 Uhr: Die Raupe spinnt einen Faden und …

❷ 21.38: … legt ihn um den Körper.

❸ 21.55: Es folgt eine Ruhephase.

❹ (am Morgen) 11.17: Die Hülle platzt auf.

❺ 11.18: Kopf und Brust befreien sich.

❻ 11.19: Die Raupenhaut wird abgestreift.

❼ 11.21: Die Häutung ist fast beendet.

❽ 11.25: Die Puppe hängt im Gürtel …

❾ 12.15: … und erhärtet allmählich.

Der fertigen Puppe sieht man von außen nicht an, welche tiefgreifenden Veränderungen in ihrem Inneren vorgehen.

... Metamorphose

Kleiner Kohlweißling: Von der Puppe zum fertigen Schmetterling

An einem schönen Morgen sprengt der Schmetterling die Puppenhülle und vollendet damit seine Verwandlung. Die Flügel breiten sich aus, und ein kräftiges Zitronengelb wird an den Flügelrändern sichtbar.

❶ 4.35 Uhr: Die Puppe ist häutungsbereit.

❷ 4.38: Die Puppenhaut platzt auf und ...

❸ 4.38: ... Kopf und Brust werden sichtbar.

❹ 4.39: Es folgen Flügel und Hinterleib.

❺ 4.39: Der Körper ist fast befreit.

❻ 4.39: Die Flügel werden entfaltet ...

❼ 4.42: ... breiten sich aus und ...

❽ 4.45: ... beginnen zu erhärten.

❾ 5.30: Der Schmetterling ist flugbereit.

Je nach Art dauert es zehn Tage bis zu zwei Wochen von der Verpuppung bis zum Schlüpfen des fertigen Schmetterlings.

Abseilen ins Leben

Das Ausschlüpfen von Gottesanbeterinnen

Die beim Ausschlüpfen noch nicht einmal 1 cm großen Gottesanbeterinnen verlassen kopfüber ihren Kokon. Die 300 an einem Tag und aus dem gleichen Gelege geschlüpften Tiere hatten sich bereits bis zur Mittagszeit in alle Himmelsrichtungen zerstreut.

❶ 5.25 Uhr: Der Kopf wird sichtbar.

❷ 5.27: Der Körper erscheint …

❸ 5.28: … und windet sich …

❹ 5.28: … aus der Umhüllung.

❺ 5.29: Sie hängt an einem Faden.

❻ 5.29: Die erste Häutung.

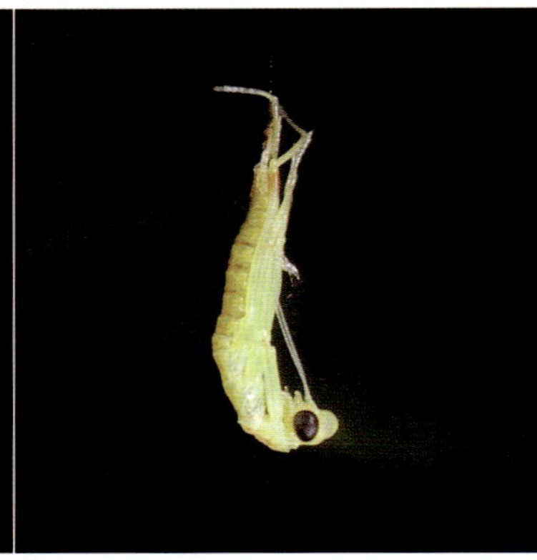

❼ 5.30 Uhr: Die Fühler …

❽ 5.30: … werden aus der Haut gezogen.

❾ 5.30: Die Beine strecken sich aus.

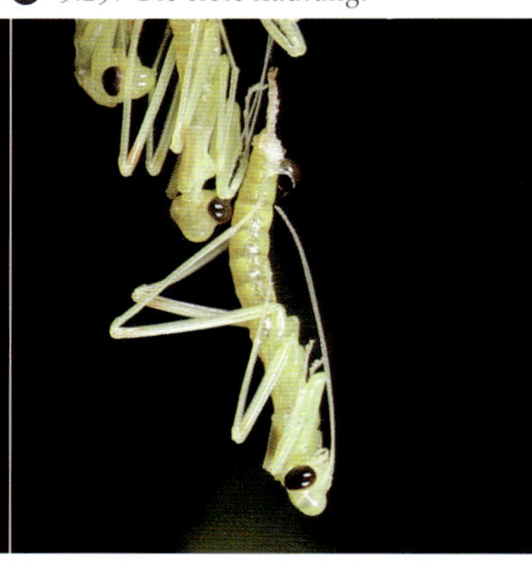

❿ 5.31: Die Häutung ist abgeschlossen!

⓫ 5.33: Die typische Gestalt der Gottesanbeterin ist bereits zu erkennen.

Larven, alle gleichzeitig geschlüpft.

Die Geschwister bleiben eine Weile zusammen.

Bald trennen sie sich und gehen ihre eigenen Wege.

Die meisten der frischgeschlüpften Larven fallen Vögeln und Kleintieren zum Opfer: Nur wenige Individuen erreichen das Erwachsenenalter.

Mutterliebe
Brutpflege bei Ohrwürmern

Als ich einmal einen großen Stein im Garten aufhob, überraschte ich ein Ohrwurmweibchen bei der Pflege ihres Geleges. Zunächst erschreckte sie das Licht. Bald aber kümmerte sie sich weiter um ihre Eier. Am nächsten Tag schlüpften neun Larven. Die Jungen blieben bei ihrer Mutter. Erst nach sieben Tagen verließen sie das Nest.

Die Weibchen drehen die Eier vorsichtig zwischen ihren Mundwerkzeugen und reinigen sie dabei.

Eine unterirdische Kinderstube. Der Platz reicht gerade für das Weibchen und die Jungen aus.

Die Eier werden an einer geschützten Stelle unter einem Stein abgelegt. Dort pflegt und wendet die Mutter sie sehr sorgfältig. Kein Stäubchen ist an den Eiern zu finden. Auf diese Weise sind sie vor Pilzbefall geschützt.

Die Larven besitzen bereits die Gestalt eines Ohrwurms.

Fast alle sind geschlüpft. Für das Weibchen ist damit das Ende der Brutzeit gekommen.

Neben den sozialen Ameisen, Wespen, Bienen und Termiten versorgen z. B. auch viele Wanzen und Käfer ihre Brut.

Verpackungskünstler
Die „Zigarre" des Blattrollers

Wenn die jungen Blätter die richtige Größe erreicht haben, interessieren sich einige Spezialisten aus der Gruppe der Rüsselkäfer für sie. Das Weibchen läßt sich auf einem Blatt nieder, ohne aber gleich mit der Arbeit anzufangen. Zuvor überprüft der Käfer gründlich, ob das Blatt seiner Larve auch ausreichend Nahrung bietet.

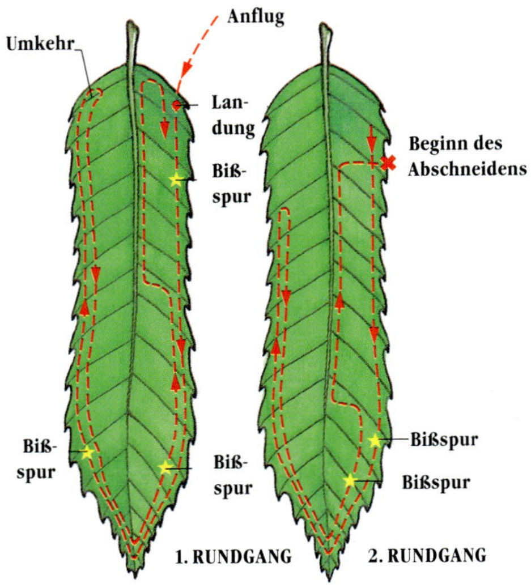

Das Weibchen inspiziert das Blatt sehr sorgfältig. Dabei läuft es am Blattrand entlang.

❶ 10.35: Das Weibchen schneidet das Blatt von der rechten Seite bis zur Mittelrippe ein.

❷ 10.41: Anschließend wird es von der linken Seite her eingeschnitten.

❻ 10.57: Das Blatt knickt ab.

❼ 10.58: Noch während der Paarung läuft das Weibchen an das untere Blattende.

❽ 11. 28: Das Blatt ist noch geschmeidig, die Faltarbeit kann beginnen.

⓬ 12.31: Das Paar hat sich getrennt. Gemeinsam vollenden sie die Arbeit.

⓭ 12.37: Ohne Verzögerung wird das Blatt weiter fest eingerollt.

⓮ 12.43: Die Rolle bekommt den letzten Schliff: Die Ränder werden nach innen geschlagen.

Wenn man auch nicht immer die Tiere selbst zu Gesicht bekommt, so fallen dem aufmerksamen Beobachter…

Nachdem die Tiere einmal mit dem Blattrollen begonnen haben, läuft die weitere Arbeit mit äußerster Präzision ab. Zwar arbeiten alle Blattroller nach der gleichen Methode, doch unterscheiden sich die einzelnen Arten in ihrem Verhalten. Dem Beobachter wird es daher niemals langweilig dabei, solchen Tieren zuzuschauen.

❸ 10.47 Uhr: Das Weibchen beißt die Hauptader des Blattes an.

❹ 10.51: Anflug eines Männchens, das Blatt knickt allmählich ab.

❺ 10.55: Die Paarung beginnt. Das Weibchen frißt derweil weiter an der Hauptader.

❾ 11.37: Der Blattrand wird eingefaltet . . .

❿ 12.19: . . . und von der Spitze her eingerollt.

⓫ 12.25: Sobald das Blatt ein Stück aufgerollt ist, legt das Weibchen ein einziges Ei ab.

⓯ 12.56: Das Blattpaket ist vollendet. Männchen und Weibchen verlassen das Blatt.

Das Ei im Innern der Blattrolle (Schnitt).

Nach einigen Tagen verwelkt das Blattpaket und dient der frischgeschlüpften Larve als Nahrung.

. . . doch die zigarrenförmigen Blattpakete an Sträuchern und Bäumen auf. Eine hochinteressante Variante der Brutfürsorge.

Eine große Handwerkerfamilie

Verwandte der Blattroller

Alle auf dieser Seite abgebildeten Käfer gehören zur großen Familie der Rüsselkäfer, und alle beherrschen sie die Kunst des Blattrollens. Die Form der fertiggestellten Rollen allerdings unterscheidet sich von Art zu Art erheblich. Sie stellt so ein wichtiges Bestimmungsmerkmal dar.

Hellroter Blattroller *(Apoderus rubidus)*

Merhynchites assimilis

Zweipunkt-Blattroller

Rhynchites heros

Apoderus jekelii

Cyphicerus viridulus

Euops lespedezae

Phialodes rufipennis

Paroplapoderus pardalis

Phymatapoderus pavens

Henicolabus lewisii

Byctiscus fausti

Cycnotrachelus nitens

Charakteristisch für alle Blattroller sind der verlängerte Kopf und eine Einschnürung am Vorderkörper.

Zwerg Nase und andere

Die Familie der Rüsselkäfer

Rüsselkäfer sind bereits auf den ersten Blick an ihrem markanten Profil zu erkennen. Mit dem stark verlängerten Kopf, an dessen Spitze sich die Mundwerkzeuge befinden, sehen sie aus wie die Miniaturausgabe eines Elefanten.

Spitzeichen-Rüsselkäfer *(Curculio arakawai)*

Hyposipalus gigas

Aplotes roelofsi

Tropideres roelofsi

Ectatorrhinus adamsi

Rynchaenus hustachei

Episomus turritus

Phyllobius armatus

Cyphicerus viridulus

Larinus latissimus

Myllocerus griseus

Mesalcidodes trifidus

Echinocnemus squameus

Lixus acutipennis

Platystomos sellatus

Curculio yoshieae

Pseudocneorhinus bifasciatus

Die Rüsselkäferlarven fressen an verschiedenen Pflanzenteilen, aber auch Früchte oder Samen. Viele rechnet man daher zu den Vorratsschädlingen.

Ein Madenleben

Das Leben der Furchenbienen

Zur Eiablage gräbt das Furchenbienenweibchen ein Loch in die Erde und richtet hier ein Nest mit mehreren Zellen ein. Anschließend transportiert sie Blütenstaub in die Zellen, wo sie ihn zu glatten Kugeln formt. Die Pollen, mit Nektar gemischt, dienen den schlüpfenden Larven später als Nahrung.

Das Weibchen gräbt ein Loch.

Erdaushub von Furchenbienen auf einem Friedhof.

Die Biene sammelt Blütenstaub und ...

... transportiert diesen in den unterirdischen Bau.

Die Nester befinden sich ca. 20 - 30 cm unter der Erde.

Eine Pollenkugel mit einem frischgelegten Ei.

Die Innenwände des unterirdischen Baus sind so glatt, als ob sie verputzt worden wären. Die ca. 6 – 8 mm große Pollenkugel sieht aus wie eine Frucht. Es ist kaum zu glauben, daß eine kleine Biene sie geschaffen hat. Die Kugel wird vollkommen von der Larve aufgefressen, die sich nach mehreren Häutungen verpuppt und als fertiges Insekt ihre unterirdische Kinderstube verläßt.

Die Larve ist soeben geschlüpft.

Eine ausgewachsene Larve.

Larve kurz vor der Verpuppung.

Puppe schlupfbereit.

Blütenbesucher
Furchenbienen und Sandbienen

Furchen- und Sandbienen (Halictidae und Andrenidae) werden ca. 7 - 15 mm groß. Die Vertreter der Sandbienen und die meisten Furchenbienen sind solitär, bilden also keine Staaten. Sie gehören zu den wichtigsten Bestäubern der unterschiedlichsten Pflanzen.

Berufkraut *(Erigeron annuus)*

Der Blütenstaub von Azaleen ist weiß.

Löwenzahn *(Taraxacum japonicum)*

Ehrenpreis *(Veronica persica)*

Blütenbesuch auf Raps

Quitte *(Chaenomeles japonica)*

Fingerkraut *(Potentilla freyniana)*

Hortensien *(Hydrangea macrophylla)*

Pestwurz *(Petasites japonicus)*

Brombeerblüte *(Rubus microphyllus)*

Gefangen an den Klebdrüsen eines Azaleenkelches.

Weltweit kennt man 20.000 Arten dieser Bienen. Fast alle sammeln Nektar und Pollen.

Eine anrüchige Überlebensstrategie

Blattkäfer tarnen ihre Eier mit Kot

Es ist unglaublich, welche Überlebensstrategien manche Insekten entwickelt haben. Einige Blattkäfer bedecken ihre kostbaren Eier mit eigenen Kotschüppchen und lassen sie dann wie Abfall auf den Boden fallen.

Clytra laeviuscula

Cryptocephalus approximatus

Chlamisus spilotus

Smaragdina nipponensis

Cryptocephalus signaticeps

Die Larve trägt die Kothülle wie ein Schneckenhaus mit sich herum.

Die Blattkäferweibchen packen die Eier mit den hinteren Beinen und drehen sie fortwährend, gleichzeitig werden sie mit Kot beklebt. Oft entstehen dabei schöne Muster, die den Eiern das Aussehen von Samen verleiht.

Die Kothülle dient der Larve als Gehäuse. Während sie heranwächst, vergrößert sie das Haus mit eigenem Kot. Bei manchen Arten klettern die Larven auf Pflanzen, z. B. auf Eichen, und ernähren sich während der Larvalphase von deren Blättern.

Kein anderes Insekt hat diese einzigartige Anpassung entwickelt. Eier und Larve sind so optimal vor Freßfeinden geschützt.

Nahrungsspezialisten
Die Blattkäfer

Ob in der Stadt oder in freiem Gelände: Wenn kleine Käfer mit einer Körpergröße unter 10 mm auf den Blüten oder den Blättern auftauchen, gehören sie fast immer zur Familie der Blattkäfer (Chrysomelidae). Larven und Adulte ernähren sich von Blättern, wobei jede Art auf bestimmte Pflanzen spezialisiert ist und sich ausschließlich von diesen ernährt. Die Vielfalt dieser Käfergruppe ist erstaunlich groß.

Acrothinium gaschkevitchi

Lilioceris subpolita

Gallerucida nigromaculata

Argopus clypeatus

Trichochrysea japana

Nonarthra cyaneum

Blattkäfer

Dactylispa angulosa

Morphosphaera japonica

Gastrolina depressa

Aulacophora femoralis

Lypesthes ater

Gastrophysa atrocyanea

Pseudodera xanthospila

Gastrophysa spec.

Blattkäfer sind kleine Käfer mit einer Körpergröße zwischen 5 und 10 mm. Oft sind sie metallisch gefärbt.

Mit dem Kopf durch die Wand

Bockkäfer

Im Frühsommer verwandeln sich kleine Holzlager in ideale Lebensräume für Bockkäfer (Cerambycidae). Wenn man in die Spalten hineinschaut oder auf der Rinde sucht, kann man verschiedene Arten bei der Paarung beobachten. Die Weibchen legen ihre Eier in trockenem Holz ab. Viele Bockkäfer durchlaufen dort ihre gesamte Larvalentwicklung. Die Larven leben 3 - 4 Jahre unter der Rinde und im Holz verschiedener Bäume und können dort beträchtlichen Schaden anrichten.

Raphuma japonica

Raphuma diadema

Mesosa longipennis

Stenygrinum quadrinotatum

Grammographus notabilis

Distenia gracilis

Dere thoracica

Ein Holzlager für die Pilzzucht und …

… ein Steineiben-Holzstapel: typischer Lebensraum der Bockkäfer.

Die Larven von Bockkäfern haben sich auf Holz spezialisiert. Mit Hilfe von Symbionten im Darm können sie die schwerverdauliche Nahrung verdauen.

Blinde Passagiere

Die Reise der Ölkäfer

Die Larven vieler Ölkäfer (Meloidae) können ihre Entwicklung nur in einem Bienennest vollenden. Nur dort entwickeln sie sich und vollziehen die Häutung zum fertigen Insekt. Von der Erde aus kriechen die Larven daher bis in die Blüte hinauf, um dann auf ihr Lufttaxi zu warten (s. Seite 179).

Auf der Suche nach Eiablageplatz.

Eiablage

Ein Gelege enthält 4 - 5000 Eier.

Larven kurz nach dem Schlüpfen.

Auf der Suche nach einem Pflanzenstengel.

Die Larven haben die Blüte erreicht. Es steht ihnen eine riskante Reise bevor.

Die Larven sitzen bevorzugt auf den exponierten Teilen der Blüte.

Angeklammert an den Beinen der Biene erreichen die Käferlarven schließlich deren Nest.

Eine Tigerhummel *(Bombus diversus)* landet auf einer Distelblüte.

Die wartenden Larven klammern sich instinktiv an jedem Blütenbesucher fest. Nur die wenigsten erwischen tatsächlich eine Biene, die sie an ihren Zielort, das Bienennest, transportiert. Alle anderen überleben die Reise nicht. Dieser hohe Verlust wird durch eine große Zahl abgelegter Eier ausgeglichen.

Ausgewachsene Ölkäfer wirken sehr unsicher, plump und langsam. Da ihre Flügel zurückgebildet sind, können sie nicht fliegen.

Juni

Erste Dekade:
Die warmen Tage werden immer zahlreicher, und in kaum einer Nacht sinkt das Thermometer noch unter 15 Grad. Überall sieht man die Fangnetze der Zebraspinne. Die ersten Mistkäfer fliegen zwischen den Bäumen umher.

Zweite Dekade:
Die Regenzeit beginnt. Dies ist die Zeit des Dauerregens, eine unangenehme Zeit. Aber die Pflanzen wirken erfrischt und lebendig. Es ist aber auch die Zeit, in der *Sasakia charonda*, ein wunderschöner großer blauer Schmetterling seine majestätische Gestalt zeigt.

Dritte Dekade:
Die Vorboten des Sommers sind nicht mehr zu übersehen: Tausende kleiner Lichtflecken huschen durch die Nacht, die Glühwürmchen schwärmen aus zum Hochzeitsflug.

Mystik in der Abenddämmerung: Ein Glühwürmchen leuchtet, um einen Partner anzulocken.

Juni
Tagesbeobachtungen

Akebia trifoliata

1 Die Larven der Wanderheuschrecke *(Locusta migratoria)* tauchten vereinzelt auf; eine Feldameisenkönigin *(Camponotus obscuripes)* auf dem Hochzeitsflug sowie Edellibellen und Raubfliegen *(Laphria mitsukurii)*. Das Geißblatt *(Lonicera japonica)* stand in voller Blüte.

Laubheuschreckenlarve

2 Der Zitronenbaum *(Poncirus trifoliata)* trug die ersten Früchte; Raupen von *Rhodinia fugax fugax*, viele Schmetterlinge *(Ypthima argus)*, Blattkäfer *(Cyrtoclytus caproides)* und blühende Gänsedisteln *(Sonchus oleraceus)*.

Schwalbenschwanz

3 Mehrere Exuvien der Edellibelle *(Anax parthenope julius)* gefunden; Bläulinge *(Everes argiades hellotia)* und Blattkäfer *(Gastrophysa atrocyanea)*, ein Gelege vom Gelbling *(Colias erate poliographus)* sowie Faulbaumbläulinge *(Celastrina argiolas ladonides)*; immer mehr blühende Kratzdisteln *(Cirsium japonicum)*.

Waldimpression

4 Den Schwarzen Schwalbenschwanz beim Wassertrinken beobachtet; Hausgrillenlarven *(Homoeogryllus japonicus)*, fliegende Faulbaumbläulinge *(Celastrina argiolas ladonides)*, eine Riesenwasserwanze *(Diplonychus japonicus)* und Granatapfelblüten *(Punica granatum)*.

Sumpfkresse (Fruchtstand)

5 Das Verhalten der Mistkäfer *(Geotrupes laevistriatus)* beobachtet; zunehmend mehr Libellen *(Orthetrum albistylum speciosum* und *Crocothemis servilia)* sowie eine Schildwanze *(Graphosoma rubrolineatum)*.

Laubfrosch

6 Einen Käfer mit roten Streifen *(Necrophorus maculifrons)* gesehen, träge große Libellen *(Orthetrum triangulare melania)*, Bockkäfer *(Dere thoracica)* und Bläulinge bei der Paarung *(Everes argiades)*; unzählige winzige Springschwänze (Collembola).

Zitronenbaum

7 Viele Wasserskorpionlarven *(Laccotrephes japonensis)* bei der Häutung beobachtet; Heuschrecken *(Mongolotettix japonicus)*, Schwärme von *Cephonodes hylas hylas* und Netzflügler *(Protohermes grandis)*; Collembolen sowie Springspinnen.

Berghortensie

8 Gelblinge paarten sich; *Sasakia charonda* (Nymphalidae) schlüpfte aus der Puppe; Raupen vom Schwalbenschwanz *(Papilio bianor dehaanii)*, Glühwürmchen *(Luciola lateralis)*, Wasserwanzen *(Ilyocoris exclamationis)* und eine Riesenwasserwanze *(Diplonychus major esaki)*.

Sasakia charonda

9 Raupen von Bläulingen *(Narathura japonica)*, mehrere Rückenschwimmer *(Notonecta triguttata)* im Teich, einen grünlichen Perlmutterfalter *(Argyronome laodice japonica)* und *Ladoga glorifica* (Nymphaelidae) bei der Eiablage beobachtet.

Schwertlilien

10 Geschäftige Totengräber *(Necrophorus maculifrons)*, Zikaden *(Lecha anditura)*, Wespen *(Vespa xanthoptera)* und Rosenkäfer, außerdem Tausende langbeiniger Ameisen *(Aphaeonogastes famelica)*. Die Glockenblumen *(Campanula punctata)* blühten.

Junge Zebraspinne

11 Viele *Nymphalis xanthomelas japonica* (Nymphalidae), *Pteromalus puparum* (Hymenoptera), Glühwürmchen *(Luciola cruciata)*, Zürgelbaum-Falter *(Libythea celtis celtoides)* und Wasserskorpionlarven *(Laccotrephes japonensis)*.

Commelina communis

12 Blattkäfer *(Grammographus notabilis)*, ein Kokon von Goldaugen (Chrysopidae), viele Netzameisen *(Pristomyrmex pungens)*, Larven der großen Laubheuschrecke *(Mecopada nipponensis)*, Bläulinge *(Lycaena daimio* und *Zizeeria maha argia)*.

Große Schwarze Ameise

13 Termiten *(Leucotermes speratus)* beim Nestbau; ein Schwalbenschwanz *(Papilio xuthus)*, viele Stachelameisen *(Polyrhachis lamellidens)*, Grillenlarven *(Gryllus yemma)*, ein Kaisermantel (Nymphalidae) und Wasserkäfer *(Berosus japonicus)*

Ei des Weißen Admirals

14 Larve eines Ohrwurms *(Anisolabis maritima)*, große Schwärme von Glühwürmchen, ein grünlicher Perlmutterfalter *(Argyronome laodice)*, eine Streckerspinne *(Tetragnatha praedonia)* und Bläulinge *(Artopoetes pryeri)*. Die ersten Hortensienblüten.

Wassertropfen

15 Eine Blatthornkäferlarve *(Allomyrina dichotoma)* verpuppte sich; Wegwespen *(Auplopus appendiculatus)*, Libellen *(Pseudothemis zonata)*, den Kokon eines Nachtpfauenauges *(Dictyoploca japonica)* entdeckt, Zweipunkt-Marienkäfer und Nachtfalter bei der Paarung beobachtet.

Kaisermantel

16 Stabwanze auf dem Wasser *(Ranatra unicolor)*, schnelle Schwimmkäfer *(Hydaticus grammicus)*, eine kleine Hausameise, Larven des Schwimmkäfers *(Cybister japonicus)* und Larven von Zebraspinnen gesehen. Die Gardenien *(Gardenia jasminoides)* begannen zu blühen.

Eier von Waldlaubfrosch

17 Eine Radnetzspinne *(Cyrtarachne bufo)*, die aussah wie Vogelkot; ein rundlicher Wasserkäfer *(Graphoderes adamsi)* tauchte blitzschnell ab; viele Blattkäfer *(Popillia japonica)* und ein kleiner Kolbenwasserkäfer *(Sternolophus rufipes)*.

Osterluzei

18 Viele Glühwürmchen *(Luciola cruciata)* unterwegs; Ameisen emsig mit ihrem Nestausbau beschäftigt; eine Raupe von *Lethe marginalis* (Nymphalidae), eine Puppe von *Niphanda fusca shijima* sowie eine Wolfsspinne.

Wiese

19 Die Puppe eines Aaskäfers *(Silpha perforata)* entdeckt; eine Libelle *(Aeschnophlebia longistigma)*, *Argyronome ruslana lysippe* (Nymphalidae), Larve einer Radnetzspinne *(Cyclosa octotuberculata)*, *Colias erate poliographus* (Pieridae) beim Ausschlüpfen.

Glühwürmchen

20 Raupen von Dickkopffaltern *(Daimio tethys)*, Schwimmkäfer *(Hydaticus bowringi)*, viele Ameisen *(Tetramorium guineense)*, Puppe eines Ritterfalters *(Byasa alcinous)*, aktive Ameisenspinnen *(Myrmarachne japonica)*; eine Grille *(Homoeogryllus japonica)* beim Schlüpfen beobachtet.

Ei von *Vanessa indica*

21 Blatthornkäfer *(Allomyrina dichotoma)* schlüpfte aus der Puppe, Larve einer Riesenwasserwanze *(Lathocerus deyrollei)*, schwarze Ameisen, Eigelege des Roten Admirals *(Vanessa indica)*, Jagdspinnen *(Heteropoda venatoria)*; eine Stabwanze *(Ranatra chinensis)* schlüpfte.

Chinesische Feldwespe

22 *Damora sagana liane* (Nymphalidae), ein kleiner Eisvogel *(Ladoga camilla japonica)*, *Sasakia charonda* (Nymphalidae), eine Radnetzspinne *(Argiope aetherea)*, ein Bockkäfer *(Anoplophora malasiaca)* und die Larve des Wasserskorpions *(Laccotrephes japonensis)*.

Blatthornkäferpuppe

23 Ritterfalter *(Byasa alcinous)*, Puppe von *Lethe diana*, Luchsspinnen, Springspinnen und eine Larve von *Teleogryllus yemma* entdeckt. Ein Ölkäfer (Meloidae) schlüpfte.

Chinesische Feldwespe

24 *Sasakia charonda* (Nymphalidae), ein Schillerfalter *(Apatura ilia substituta)*, geschäftige Feldwespen *(Polistes chinensis)*, eine Jagdspinne *(Dolomedes pallitarsis)* und viele Glühwürmchen *(Luciola cruciata)*.

Moos *(Bartramia crispata)*

25 Kokons von *Rhodinia fugax fugax*, eine Radnetzspinne *(Araneus ventricosus)*, Libellen *(Sympetrum infuscatum)*; Zikaden *(Platypleura kaempferi)* schlüpften aus der Puppe, Larven einer Laubheuschreckenart *(Mecopoda nipponensis)* und blühende Seerosen *(Nuphar japonicum)*.

Regenbogen

26 Eine Schabe *(Blattella nipponica)* gefangen, Libellen *(Sympetrum eroticum eroticum)*, Paarung von Heuschrecken beobachtet, eine frisch geschlüpfte Smaragdlibelle *(Somatochlora viridiaenea atrovirens)* trocknete ihre Flügel und Sandwespen in großer Zahl.

Gottesanbeterin

27 Die Zahl der Kugelasseln *(Armadillidium vulgare)* nahm zu; ebenfalls sehr viele Kleinlibellen *(Ceriagrion melanurum* und *Lyriothemis pachygastra)*, weithin hörte man das Zirpen von Zikaden *(Platypleura kaempferi)*; *Sympetrum frequens* sowie Bläulinge *(Spindasis takanonis)*.

Verlassenes Dorf

28 Libellen *(Jagoria pryeri)* und Prachtlibellen *(Calopteryx cornelia)*, Hummeln, Larven einer Seidenmotte *(Anteraea yamamai yamamai)*, Schwärmer *(Theretra oldenlandiae)* und eine schlüpfende Libelle *(Gomphus postocularis)*.

Maulbeere

29 Eine Libelle *(Ictinus clavatus)* beim Ausschlüpfen beobachtet; einige kleine Hirschkäfer *(Macrodorcas rectus)* ließen sich allmählich sehen sowie Weißlinge *(Pieris melete)* und *Necrophorus maculifrons*. Die Libelle *Anotogaster sieboldii* nahm an Zahl zu.

Zikade

30 Blattkäfer *(Aspidomorpha difformis)*, Kleinlibellen *(Lestes temporalis)*, Rüsselkäfer *(Lixus divaricatus)*, *Popillia japonica* und ein Blauer Admiral.

Portraits der dritten Art

Von der Funktion zur Form

Diese Gesichter haben auf den ersten Blick tatsächlich etwas von außerirdischen Wesen. Ihre Physiognomien sind so raffiniert, daß man sie zu Recht als „Wunder der Natur“ bezeichnen kann. In ihnen dokumentiert sich die lange stammesgeschichtliche Entwicklung, die in Millionen von Jahren optimale Lösungen zur Frage des Überlebens hervorbrachte. Die Welt der Gliedertiere ist von unglaublicher Phantasie und Vielfalt gekennzeichnet.

Hummel *(Bombus diversus)*

Mandarinwespe *(Vespa mandarina)*

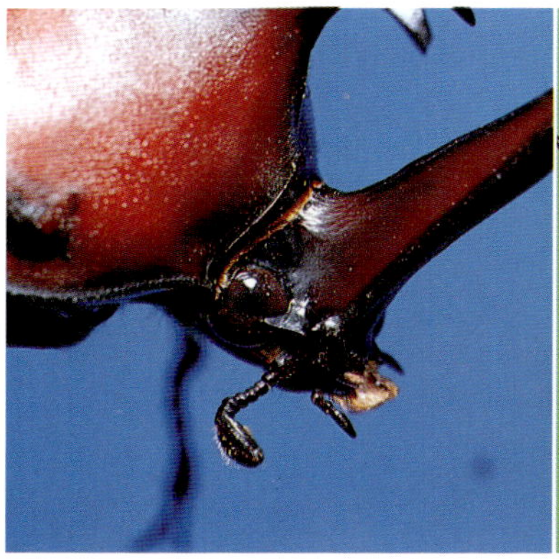

Blatthornkäfer

Hirschkäfer *(Prosopocoilus inclinatus)*

Springspinne *(Plexippus paykulli)*

Sandlaufkäfer *(Cicindela japonica)*

Bockkäfer *(Batocera lineolata)*

Rüsselkäfer *(Curculio arakawai)*

Schabe *(Periplaneta fuliginosa)*

Zikade *(Graptopsaltria nigrofuscata)*

Kugelassel *(Armadillidium vulgare)*

Bremse *(Chrysops suavis)*

Horvath-Bremse *(Atylotus horvathi)*

Raubfliege *(Laphria mitsukurii)*

Bremse *(Tabanus mandarinus)*

Große Augen, lange Fühler, scharfe Kiefer und verlängerte Köpfe: Die Gesichtsform der Insekten ist optimal an die jeweilige Lebensweise angepaßt.

Schwammspinner *(Lymantria dispar)*

Arctias artemis aliena

Cnidocampa flavescens

Kleiner Kohlweißling

Radnetzspinne *(Argiope amoena)*

Eulenfalter *(Arcte coerulea)*

Nasenschrecke *(Acrida turrita)*

Heuschrecke *(Patanga japonica)*

Wanderheuschrecke *(Locusta migratoria)*

Libelle *(Macromia amphigena)*

Mosaiklibelle *(Anax nigrofasciatus)*

Heuschrecke *(Oxyga japonica)*

Grüne Laubheuschrecke *(Holochlora jap.)*

Libelle *(Sympetrum frequens)*

Cercion hieroglyphicum

Grille *(Teleogryllus yemma)*

Gottesanbeterin *(Paratenodera aridifolia)*

Die Kunst, sich unsichtbar zu machen

Tarnen und Täuschen

Insekten sind im allgemeinen von unauffälliger Gestalt und Farbe. Manche können es sich jedoch leisten auffällig gezeichnet zu sein, da sie giftig sind. Dies ist eine Verteidigungsmaßnahme gegen natürliche Feinde wie Vögel oder andere Räuber. Für alle anderen bleibt es die wichtigste Aufgabe, sich vor Feinden zu verbergen oder sich geschickt zu tarnen. Im Fall der Tarnung unterscheiden sich die Insekten kaum von ihrem Untergrund, oder sie ähneln Pflanzenteilen. Oberstes Gebot ist, von Freßfeinden nicht gesehen zu werden.

Turmschrecke (zwischen Grashalmen)

Zikaden (auf Pflanzenstengel)

Geometra dieckmanni (ähnelt der Triebspitze der Spitzeiche)

Ariamnes cylindrogaster, eine Stabheuschrecke (auf Piniennadeln)

Seidenspinnerraupe (auf Spitzeiche)

Raupe des Taubenschwänzchens *(Macroglossum stellatarum)* (auf Piniennadeln)

Raupe von *Lethe diana* (auf Bambusblatt)

Hestina japonica (auf Zürgelbaumblatt)

Sypna picta (auf verwelktem Laub)

Anthocaris scolymus (ähnelt Blatt)

Oraesia excavata (verwelktes Blatt)

Libellenlarve (auf Bachgrund)

Wenn ein Vogel Insekten trotz ihrer Tarnung zufällig entdeckt, entwickelt er ein Suchbild für diesen Typ.

Raupe von *Serraca punctinalis conferenda* (ähnelt einem vertrockneten Zweig)

Raupe von *Gastropacha quercifolia*

Raupe von *Enispa leucostia* (auf Flechten)

Deileptenia ribeata (auf Borke)

Eule *(Blenia senex)* (auf Rinde)

Zikade *(Platypleura kaempferi)* (ähnelt der Farbe des Baumstamms)

Grasglucke *(Gastropacha quercifolia cerridifolia)* (hängt wie ein verwelktes Blatt)

Feldheuschrecke (auf Kieseln)

Spannerraupe (auf Azaleenblüte)

Unauffälligkeit ist daher nicht immer eine absolute Garantie fürs Überleben.

Leben auf unsicherem Boden

Wasserwanzen

Wenn die Larven dieser am Wasser lebenden Insekten aus den Eiern herausschlüpfen, sind ihre Bewegungen so elegant wie die einer Ballerina. Um diese kleinen Geschöpfe zu beobachten, benötigt man eine Lupe und sehr viel Geduld.

WASSERSKORPION

Die Eier werden auf Erde oder Moos abgelegt.

Die Eischale sitzt noch auf dem Kopf.

Die Larve begibt sich sofort in das Wasser.

WASSERLÄUFER

Eier auf einer Wasserpflanze.

Nur noch die Beine!

Die geschlüpfte Larve geht auf die Wasseroberfläche.

STABWANZE

Die Eier werden im Schlamm abgelegt.

Mühsam ist es mit den langen Beinen.

Geschafft, die Larve stakst ins Wasser.

RIESENWASSERWANZE

Die Eier kleben auf dem Rücken des Männchens.

Die erste Larve erblickt das Licht der Welt …

… und läßt sich ins Wasser gleiten.

Wasserwanzen gehören zu den Hemimetabolen. Die Larven haben keine eigenen Merkmale, sondern sie ähneln bereits den ausgewachsenen Insekten.

Ein erstaunliches Mundwerkzeug

Die Fangmaske der Libellenlarven

Die Larve wartet, bis die Beute in „Schußweite" kommt.

Die Bewegungen der Insekten gleichen in ihrer Präzision oft einer Maschine. Besonders gilt dies für die Art, in der Libellenlarven ihre Beute fangen. Wenn sie ein Opfer anvisieren, schnellen sie ihre Unterlippe (Fangmaske) blitzartig vor und packen es mit den Klauen. Alle Libellenlarven sind als Experten der Jagd mit dieser Einrichtung ausgestattet.

Schnell schießt die Fangmaske hervor. Die Unterlippe kann innerhalb von 1/4 Sekunde ausgestreckt werden.

Die Beute wird schnell herangezogen und aufgefressen.

Die Libellenlarve preßt Körperflüssigkeit (Hämolymphe) unter starkem Druck in die Fangmaske. Dadurch streckt sich der untere Kiefer blitzschnell vor, wobei die Beute gleichzeitig mit den beiden Fangzähnen am äußeren Ende der Maske gepackt wird.

Der komplizierte Bau des Facettenauges der Larve erlaubt räumliches Sehen, und damit eine präzise Bestimmung des Beuteabstandes.

Alleinerziehende Väter

Die Eiablage der Riesenwasserwanze

❶ 0.12 Uhr: Das Weibchen bei der Eiablage.

Die Eiablage der Riesenwasserwanze *(Lathocerus deyrollei)* erfolgt in der Nacht. Während das Weibchen die Eier an einem aus dem Wasser ragenden Holzstück ablegt, wird es vom Männchen mehrmals begattet. Nachdem das Weibchen die Eiablage beendet hat, verläßt sie das Gelege. Das Männchen bleibt, bewacht und pflegt die Eier bis zum Tag des Schlüpfens. Würde es das nicht machen, wären die Eier von Trockenheit, Pilzbefall und Räubern bedroht.

Ein Wanzenmännchen hat einen Molch gefangen.

❺ 0.14: Das Männchen beobachtet das Weibchen.

❻ 0.14: Es nähert sich dem Weibchen ...

❼ 0.14: ... und klettert auf dessen Rücken.

⓫ 0.21: Die Paarung findet statt.

⓬ 0.25: Ende der Paarung.

⓭ 0.26: Das Männchen löst sich vom Weibchen.

Wasserwanzen wurden in Japan durch den Einsatz von Pestiziden und Insektiziden fast ausgerottet.

2 0.13 Uhr: Das Männchen taucht auf…

3 0.13: …und steigt auf den Holzpflock.

4 0.13: Es bewegt sich sehr vorsichtig.

8 0.15: Es greift das Weibchen und…

9 0.16: …klammert sich an ihm fest.

10 0.17: Das Kopulationsorgan wird ausgestülpt.

Nachdem die Eiablage beendet ist, verläßt das Weibchen das Gelege.

Von diesem Zeitpunkt an pflegt und bewacht das Männchen alleine die Eier.

14 0.26: Das Männchen geht ins Wasser zurück, das Weibchen beginnt erneut mit der Eiablage.

Nach dem Erlaß über Agrarpestizide in den 70er Jahren konnte sich der Bestand etwas erholen.

Filigrane Kunst

Das Netz der Radnetzspinne

Immer wenn ich etwas über die erstaunlichen Verhaltensweisen kleiner Gliederfüßler in Erfahrung bringe, verlangt mir das größten Respekt ab. Ein Beispiel hierfür ist die Konstruktion des Netzes einer Radnetzspinne.

❶ Beginn der Bauphase. Die Spinne (oben links im Bild) steigt auf den Bambusstock und untersucht zunächst die Umgebung.

❷ Sie läuft zum gegenüberliegenden Bambusstock (von links nach rechts auf dem Bild), während sie einen Faden hinter sich herzieht.

❸ Zwischen den beiden Stöcken wird der Faden aufgespannt, dann geht sie mehrere Male hin und her, um den Faden zu verstärken. Dieser Faden, einer der Rahmenfäden, braucht die größte Stabilität.

❼ Das Zentrum des Netzes wird verstärkt. Dort, in der sogenannten Nabe, wartet die Spinne später auf ihre Beute.

❽ Vom Zentrum aus baut die Spinne einen spiralförmigen Faden ein, die sogenannte Hilfsspirale.

❾ Die Hilfsspirale ist fertig, sie verleiht dem Fadengerüst Stabilität.

⓭ Die Fangfäden bilden einen perfekten Kreis.

⓮ Die Spinne webt pausenlos. Dabei bewegt sie sich im Kreis.

⓯ Das Netz ist fast fertig.

Von Aufnahme Nr. ❶ bis Nr. ⓲ vergingen ca. 40 Minuten.

❹ Von der Mitte dieser Fäden seilt sich die Spinne nach unten ab und befestigt sie so, daß ein Y-förmiges Gerüst entsteht. Jetzt liegt die Mitte des zukünftigen Netzes fest.

❺ Dicke Radialfäden werden gespannt.

❻ Weiter und noch feiner werden immer mehr Radialfäden in gleichmäßigen Abständen hinzugefügt.

❿ Sie beginnt, die mit Leim benetzten Fäden in einer engen Spirale vom Rand zur Mitte zu spannen.

⓫ Während des Spannens dieser Fangfäden werden die Fäden der Hilfsspirale abgebaut.

⓬ Im Verlauf des Spiralbaus ergeben sich auch Umkehrpunkte.

⓰ Als letztes baut sie sogenannte Stabilimente ein: vier dicke Fadenbündel im Zickzack in der Nähe der Nabe.

⓱ Die Stabilimente werden in folgender Reihenfolge gebaut: unten links, oben rechts, dann unten rechts und oben links.

⓲ Das Netz ist fertig. Die Spinne sitzt nun in der Mitte mit dem Kopf nach unten und lauert auf ihre Beute.

Auf den Leim gegangen

Die Jagd einer Radnetzspinne

Die Beute der Spinne hat nur wenig Chance, zu entkommen. Eine Spinne verfügt über besonders feine Sinne, mit deren Hilfe sie die kleinste Vibration, wie das Zappeln einer Mücke im Netz, sofort bemerkt. Sie eilt dann zu dem gefangenen Tier und bringt einen Giftbiß an.

❶ Eine Biene hat sich im Netz gefangen.

❷ Die Spinne läuft geradewegs auf die Beute zu.

❸ Die Beute wird umwickelt und mit Gift gelähmt.

❹ Das Opfer wird ins Netzzentrum gezogen.

❺ Dort wird es gefressen.

Während die Beute eingesponnen wird, treten ständig feine Fadenbündel aus den Spinnwarzen aus.

Mit den Fangzähnen beißt die Radnetzspinne in die Beute und lähmt sie mit Gift. Mit Hilfe von Verdauungssekret wird das Körpereiweiß aufgelöst und verflüssigt – so kann es von der Spinne ausgesaugt werden.

Spinnen registrieren feinste Vibrationen. Versetzt man mit einer Stimmgabel das Netz in Schwingungen, eilt die Spinne sofort zur Schwingungsquelle.

Es ist serviert

Die Larve von *Hydrochara affinis*

Einige Wasserinsekten haben eine hochspezialisierte Art der Nahrungsaufnahme entwickelt. Manche Wasserkäferlarven geben zur Verdauung Darminhalt über die Beute ab und saugen die aufgelöste Nahrung auf. Die Larven von *H. affinis* halten dazu die Beutetiere über die Wasseroberfläche. Dieses Verhalten ist eine phantastische Anpassung: Im Wasser würde die Verdauungsflüssigkeit davongespült werden und wäre damit wirkungslos.

❶ Die Wasserkäferlarve hat eine Zuckmückenlarve gefangen.

❷ Sie hebt die Beute über das Wasser …

❸ … und frißt sie in dieser Haltung auf.

❹ Dabei geht kein Tröpfchen verloren.

❺ Nach beendeter Mahlzeit taucht die Larve wieder ab.

WEITERE RÄUBER

Diese Larve kann unter Wasser fressen.

Rhantus pulverosus besitzt eine Atemröhre.

Eine Kolbenwasserkäferlarve.

Es ist anzunehmen, daß die eigenartige Verhaltensweise von Hydrochara affinis *entwickelt wurde, um Konkurrenten unter Wasser auszuschalten.*

Nächtlicher Lichtreigen

Glühwürmchen auf Hochzeitsflug

Kaum ein anderes Insekt ist in Japan von jeher den Menschen so vertraut wie das Glühwürmchen *(Luciola cruciata)*. Der Anblick der strahlend aufleuchtenden Flugbahnen in der Abenddämmerung vermittelt ein Gefühl des Friedens. Ich glaube, daß wir alles daransetzen sollten, eine Umwelt zu erhalten, in der auch Platz für das Glühwürmchen ist (s. Seite 184).

Das Weibchen sucht im Moos nach einer Eiablagestelle.

Gruppenflug – Tausende von Glühwürmchen ziehen ihre Lichtbahnen (20.30 Uhr, Santô).

Das Licht der Glühwürmchen ist ein Signal. Das Männchen erkennt die Gegenwart eines arteigenen Weibchens durch das artspezifische Muster der Lichtsignale. Diese Lichtsprache eignet sich ideal für den nachtaktiven Käfer.

Männchen (links) und Weibchen (rechts).

Das Weibchen legt ca. 500 Eier ab.

Gelege: Jedes Ei mißt etwa 0,5 mm.

Die Larve ist vor der Verpuppung ca. 3 cm lang.

Der Lebensraum dieser Glühwürmchen sind die Ufer von Bergbächen. Die Larven ernähren sich von kleinen, in Bächen lebenden Flußkreiselschnecken.

Die glanzlose Verwandtschaft
Die Familie der Leuchtkäfer und Schnabelkäfer

Weltweit gibt es etwa 2.000 Leuchtkäferarten, von den Schnabelkäfern kennt man sogar 3.000 Arten. Die Schnabelkäfer (Lycidae) sind nahe Verwandte der Leuchtkäfer (Lampyridae), können aber nicht leuchten. In meinem Beobachtungsgebiet kommen Vertreter aus beiden Gruppen vor.

*Luciola lateralis*** als Käfer...

...und als Larve.

*Lucidina biplagiata***

Larve eines Leuchtkäfers

Feuerkäfer***

*Macrolycus flabellatus**

*Plateros nothus**

Schneckenkäfer****

*Pristolycus sagulatus***

*Lycostomus modestus**

Den Tag verbringen die Tiere inaktiv in der Vegetation.

Ein Naturschutzgebiet, das Glühwürmchen idealen Lebensraum bietet.

*Schnabelkäfer (Lycidae)
**Leuchtkäfer (Lampyridae)
***Pyrrhochroidae
****Drilidae

Die Verschmutzung der Flüsse führt zu einer Dezimierung der Flußkreiselschnecke und damit zum Rückgang der Glühwürmchen in Japan.

Auf Sonne folgt Regen

Was machen Insekten bei schlechtem Wetter?

Ein Regentag bedeutet einen Ruhetag für Insekten. Wenn die Sommerregen beginnen, kann die Pause auch mal mehrere Tage dauern. Ein Mensch würde sich darüber freuen, nicht aber die Insekten. Sie sitzen ganz ruhig unter Blättern, an Stengeln oder geschützt am Boden. Erst wenn der Regen aufhört und alles wieder trocken ist, erwachen sie zu neuem Leben

Spannerraupe *(Ennomos spec.)*

Ameisenjungfer *(Hagenomyia micans)*

Feuerfalter *(Lycaena phlaeas daimio)*

Eintagsfliege *(Ephemera strigata)*

Sandlaufkäfer *(Cicindela japonica)*

Kleinlibelle *(Cercion sieboldii)*

Bläuling *(Everes argiades)*

Langhornbiene *(Eucera difficilis)*

Fliege

Junge Heuschrecke

Schwebfliege

Punktwanze *(Homoeocerus unipunctatus)* bei der Paarung.

Der Körper der Insekten ist wasserundurchlässig, deshalb können sie sich auch schwachem Regen aussetzen – wenn die Temperatur entsprechend hoch ist.

Schwerstarbeit für Majestät
Die Chinesische Feldwespe

Feldwespen *(Polistes chinensis)* bauen häufiger ihre Nester in Gärten. Das Nest, welches am Anfang allein von einer Königin gebaut wird, hat im Juni schon über zehn Zellen. In jede wird ein Ei gelegt. Die Königin pflegt und füttert ihre Jungen sorgfältig. Stirbt sie, haben auch die Larven keine Überlebenschance mehr. Wie oft war ich daher beunruhigt, wenn das Weibchen bei einem Ausflug dem Nest zu lange fernblieb. Sobald die erste Wespengeneration geschlüpft ist, helfen diese Weibchen der Königin bei der Erweiterung des Nests und der Pflege der nächsten Generation.

April: Eine Königin beginnt mit dem Nestbau.

Im Mai sind bereits die ersten Waben fertig.

Im Sommer wird die Nachkommenschaft zahlreicher.

Das Weibchen saugt auf das Nest getropftes Wasser auf ...

... und läßt den Tropfen nach unten fallen.

Feldwespen findet man häufig in der Nähe menschlicher Siedlungen, so auf Speichern und unter Dächern. Der Aktionsradius dieser Wespe beträgt maximal ca. 100 m. Die Tiere erbeuten in diesem Revier andere Insekten, die sie fangen um damit ihre Larven zu füttern.

Ein Wespenmännchen beim Start.

Ein Weibchen bei der Pflege der Wabe.

Das Nest wird von einer Königin gegründet. Die schlüpfenden Arbeiterinnen übernehmen dann alle Arbeitsdienste.

Geburt eines Flugakrobaten
Eine Libelle schlüpft aus ihrer Larvenhaut

Das Schlüpfen einer Libelle ist ein Ereignis, welches mir von Kindheit an vertraut ist. An jedem Gewässer kann man diesen Vorgang beobachten. Noch heute lasse ich keine Gelegenheit aus, um an einen Tümpel zu gehen und dieses Wunder zu bestaunen.

❶ 19.19 Uhr: Ein geeigneter Ort ist gefunden.

❷ 19.28: Die Rückennaht ist aufgeplatzt.

❸ 19.29: Kopf- und Brustteil werden sichtbar.

❼ 19.36: Die Beine kommen weiter heraus.

❽ 19.40: Die Beine sind vollständig herausgezogen.

❾ 19.58: Die Larve ergreift die Exuvie.

⓭ 20.10: Die Falten glätten sich nach und nach.

⓮ 20.16 Uhr

⓯ 20.21: Die Flügel haben ihre normale Größe erreicht.

Der Lebensraum dieser Libelle sind kleine Seen und Tümpel. Doch gerade diese sind der Gefahr der Erschließung durch die Menschen ausgesetzt.

❹ 19.30 Uhr: Der Kopf ist befreit.

❺ 19.32: Der Thorax ist heraus.

❻ 19.34: Die Beine sind zu sehen.

❿ 19.58: Der ganze Körper ist geschlüpft.

⓫ 20.01: Die Flügel breiten sich aus …

⓬ 20.07: … und strecken sich immer mehr.

⓰ 20.27: Die Flügel werden durchsichtig.

⓱ 20.39: Der Libellenleib streckt sich.

⓲ 21.05: Die Libelle ist nun bald flugbereit.

Juli

Erste Dekade:
Es wird allmählich wärmer, und die Luftfeuchtigkeit nimmt zu. Immer mehr Insektenarten lassen sich blicken.

Zweite Dekade:
Das Zirpen der Zikaden und die großen Libellen sind ein sicheres Zeichen dafür, daß der Sommer nun seinen Höhepunkt erreicht hat. Die regenreiche Zeit ist vorbei. Die Landschaft wird von einem strahlendblauen Himmel überspannt, auf dem einzelne Wolken vorüberziehen.

Dritte Dekade:
Fast jeden Tag erreichen die Temperaturen die 30-Grad-Grenze. Die Nächte sind mild und warm. In den Wäldern schwirren Tausende Insekten zwischen den Blätterkronen der Bäume umher.

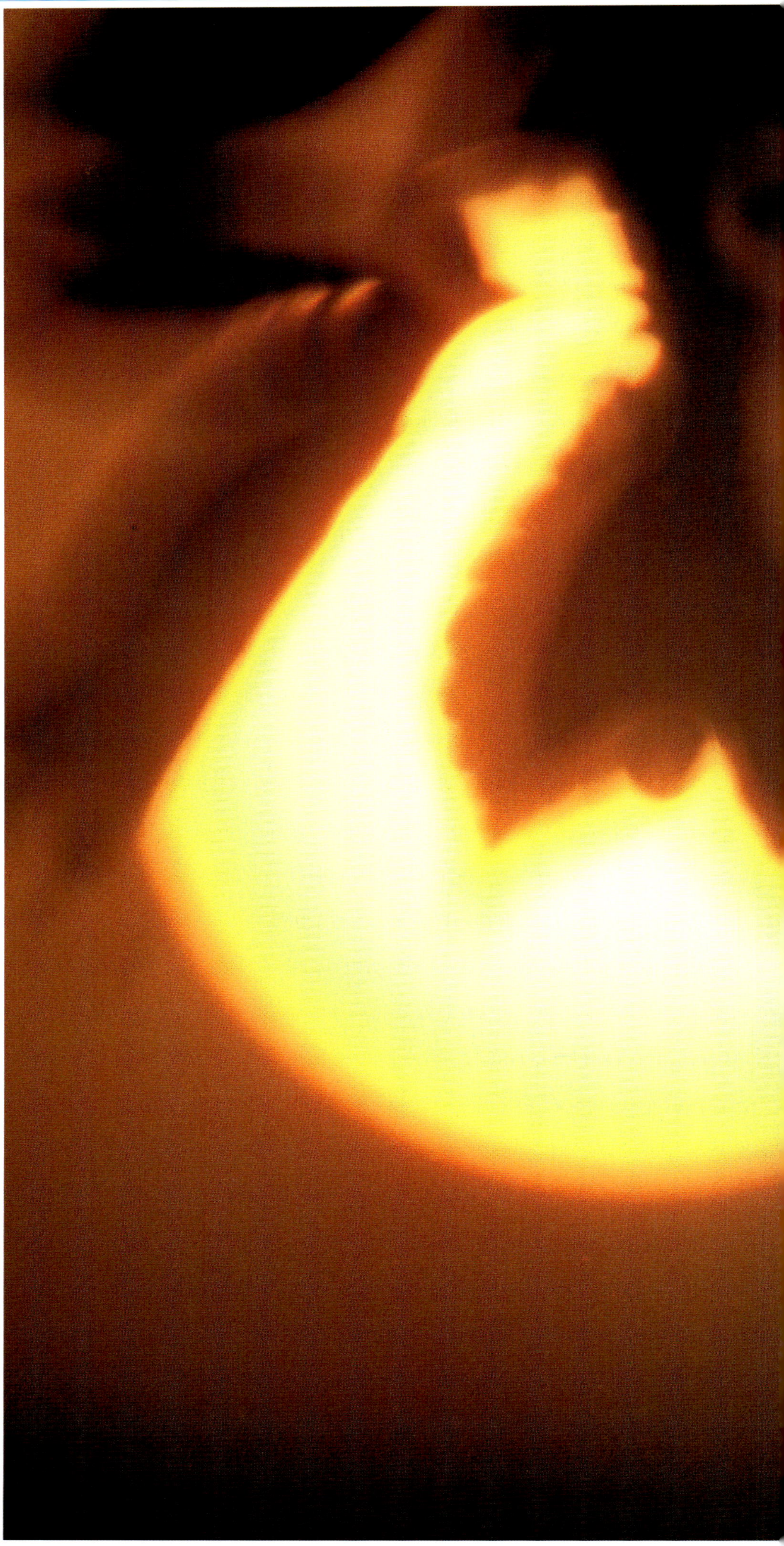

Es ist Sommeranfang, und die Wälder duften wie ein kräftiges Parfüm. Rechts: Ein Hirschkäfer im Licht der untergehenden Sonne.

Juli
Tagesbeobachtungen

Leopardfrosch

1 Ein Männchen der Wasserwanze *(Lathocerus deyrollei)* bewachte seine Eier; man sieht immer noch *Lethe marginalis* (Nymphalidae); viele *Papilio xuthus* unterwegs; ein Rüsselkäfer *(Episomus turritus)* mit weißem Höcker und eine Puppe von *Papilio xuthus*.

Kürbis

2 Libellen *(Epophthalmia elegans)* wurden zahlreicher, ein Ritterfalter *(Papilio bianor dehaanii)* (Sommertyp), viele Zikaden *(Bothrogonia japonica)* ließen sich lautstark vernehmen; Bockkäfer *(Psacothea hilaris)*, Dickkopffalter *(Potanthus flavum)* und mehrere Pflanzenkäfer *(Cteniopinus hypocrita)*.

Sasakia charonda

3 Jagdspinnen *(Dolomedes sulphureus)* lauerten auf Beute; man hörte häufig das Zirpen von Zikaden *(Platypleura kampferi)*; junge Gottesanbeterinnen *(Paratenodera aridifolia)*, Bläulinge *(Niphanda fusca shijimiae* und *Chrysozephyrus smaragdinus)* sowie *Quercusia fujisana*.

Kartoffelblüten

4 *Argyreus hyperbius* (Nymphalidae) im Flug beobachtet; einige Nester von Schaumzikaden *(Obirhora intermedia cercopidae)* gefunden; *Pantala flavescens* (Libelluidae), viele *Orthetrum triangulare melania* (Libelluidae), Dickkopffalter *(Ochlodes ochracea rikuchina)* sowie Bläulinge *(Antigus attilia)*.

Widderchen

5 Wieder war überall das auffällige Zirpen der Zikaden *(Tanna japonensis)* zu hören. Weiterhin: *Byasa alcinous* (Papilionidae), viele Bombardierkäfer *(Pheropsophus jessoensis)*, ein Rüsselkäfer *(Hyposipalus gigas)*, aktive Bockkäfer mit weißen Streifen *(Batocera lineolata)* und Bläulinge *(Fabonius saphirinus)*.

Erbsenblüte

6 Die Metamorphose des Ritterfalters *(Papilio protenor demetrius)* bestaunt; Raupen von Schwärmern *(Macroglossum pyrrhosticta)*, *Sasakia charonda* (Nymphalidae), viele Libellen *(Sympetrum frequens)* sowie eine Radnetzspinne *(Chrysozephyrus aurorinus)* beobachtet.

Bergdorf

7 Die Wespen wurden zeitweise lästig; Laubheuschrecken *(Gampsocleis buergeri)* begannen sich zu regen; viele *Chalcosia remota*, die Larven der kleinen Laubheuschrecke *(Metrioptera hime)*, Libellen *(Ictinus clavatus)* und Heuschrecken *(Mongolotettix japonicus)*.

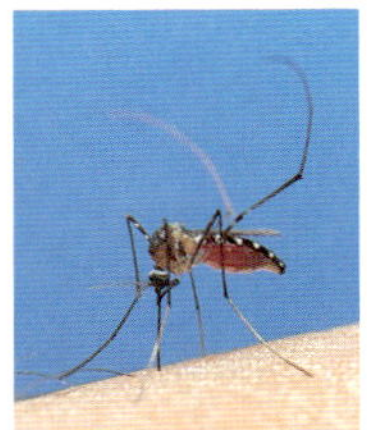
Stechmücke

8 Hörte das Zirpen von Heuschrecken, außerdem: zahlreiche Rüsselkäfer *(Hyposipalus gigas)*, Libellen *(Pseudothemis zonata)*, viele Blatthornkäfer *(Popillia japonica)*, große Wasserkäferlarven *(Hydrophilus acuminatus)* und viele Laubheuschrecken *(Gampsocleis buergeri)*.

Spitzeichengehölz

9 Larven der roten Herbstlibelle *(Sympetrum frequens)* im Wasser beim Fressen beobachtet; schwarze Aaskäfer *(Necrophorus maculifrons)*, viele Wasserkäferlarven *(Sternolophus rufipes)*, zahlreiche Weißlinge *(Colias erate poliographus)*, Grabwespen *(Sceliphron inflexum)* und ein Maikäfer *(Melolontha japonica)*.

Japankärpfling

10 Raupen von *Harima callipteris* gefunden, Blatthornkäfer *(Torynorrhina japonica)*, viele *Niphanda fusca shijimia*, Schwärmer *(Theretra oldenlandiae)* beobachtet, eine Leuchtkäferart *(Lucidiana accensa)*, viele Bläulinge; *Lysimachia clethroides* stand in voller Blüte.

Blüte des Flaschenkürbisses

11 Raupen des Dickkopffalters *(Choaspe benjaminii japonica)* beobachtet, einfarbige Blatthornkäfer *(Torynorrhina unicolor)*, ein kleiner schwarzer Wasserkäfer *(Sternolophus rufipes)*, Bockkäfer *(Anoplophora malasiaca)*, Rüsselkäfer *(Episomus turritus)* und ein Hirschkäfer.

Shortia

12 Eine Raupe von *(Dichorragia nesimachus nestiotes)* (Nymphalidae), Larven des Schwimmkäfers *(Cybister japonicus)*, das Netz einer Kräuselradnetzspinne *(Uloborus varians)* gefunden, Bläulinge *(Rapala arata)* (Sommerform) und überall Springspinnen.

Auberginenblüte

13 Eine Radnetzspinne *(Neoscona scylloides)*, mehrere Kleinlibellen *(Copera annulata)*, die Sommerform von *Araschnia burejana strigosa* (Nymphalidae), Blatthornkäfer *(Anomala testaceipes)* und kleine Blattkäfer.

Araschnia burejana strigosa

14 Ein Dickkopffalter *(Parnara guttata)*, viele Netzflügler *(Protohermes grandis)* gesehen, Hirschkäfer *(Prosopocoilus inclinatus)*, ein brillanter Blatthornkäfer *(Mimela splendens)*, *Hydrochara affinis*, *Aplotes roelofsi* und ein kleiner Hirschkäfer *(Nipponodorcus rubrofemoratus)*.

Kalebassenfrucht

15 Die Paarung der Zikaden *(Sigara substriata)* beobachtet; *Fabonius orientalis*, Blattkäfer *(Gastrolina depressa)*, eine Marienkäferart mit kreisförmigen Punkten *(Anatis halonis)* und viele rege Springspinnen.

Quercus aliena

16

Marienkäfer *(Epilachna vigintioctomaculata)* und Zikaden *(Platypleura kaempferi)* bei der Paarung beobachtet, viele Bläulinge *(Niphanda fusca shijimia)*, die Blatthornkäfer *(Allomyrina dichotoma)* wurden zahlreicher, einige Ritterfalter *(Papilio xuthus)* gesehen. *Spiranthes sinensis* stand bereits in voller Blüte.

Stachelameisen

17

Sasakia charonda (Nymphalidae) und Zikaden *(Graptopsaltria nigrofuscata)* beim Schlüpfen aus der Puppe beobachtet; Hirschkäfer *(Prosopocoilus inclinatus)*, Wegwespen *(Anoplius samariensis)* sowie eine nicht näher bestimmbare Raubfliegenart.

Luffablüte (Kürbisgewächse)

18

Zwei Hirschkäferarten: *Lucanus maculifemoratus* und *Macrodorcas rectus*; Grabwespen *(Bembix nipponica)*, Rückenschwimmer *(Notonecta triguttata)*, eine Fangschrecke *(Micadina phluctaenoides)* und eine Schwarze Hummel.

Zittergras

19

Viele Raupen von Wasserschmetterlingen *(Nymphula interruptalis)*, lebhafte Wasserwanzen *(Ilyocoris exclamationis)*, eine Schwimmkäferart *(Cybister japonicus)* sowie zwei Bläulingsarten *(Iratsume orsedice* und *Ussuriana stygiana)*.

Berufkrautwiese

20

Auffallend viele schwarz-rote Zikaden der Art *Graptopsaltria nigrofuscata*, einige Blattkäfer *(Galerucella nipponensis)* auf Wasserkastanien, eine Zikade *(Cryptotympana japonensis)*, ein Dickkopffalter *(Parnara guttata)* und der Nachtfalter *Erebus crepuscularis*.

Erbsenblüte

21

Wasserkäfer *(Hyphydrus eximius)*, zahlreiche Eulenfalter *(Arcte coerulea* und *Catocala electa zalmunna)*, große Hornissen *(Vespa crabro)*, eine Laufkäferart *(Damaster blaptoides)* und Bläulinge *(Chrysozephyrus bisamatsusanus)* bei der Paarung beobachtet.

Wilde Melone

22

Bockkäfer *(Sympetrum pedemontanum elatum* und *Batocera lineolata)*; Eulenfalter *(Catocala nivea)*, Blatthornkäfer *(Allomyrina dichotoma)* sowie Waldlaubfrösche.

Immergrüner Laubwald

23

Hirschkäfer *(Lucanus maculifemoratus)* bei der Paarung beobachtet; Grabwespen *(Sceliphron madraspatanum)*, eine Larve der Wespenspinne *(Argiope bruennichii)*, Libellen *(Orthetrum albistylum speciosum)* und Blattkäfer *(Chrysolina aurichalcea)*.

Styrax japonica

24

Ein Großer Wasserläufer *(Gerris elongatus)*, Teufelslibellen *(Anotogaster sieboldii)*, viele Jagdspinnen *(Dolomedes pallitarsis)*, Eulenfalter *(Erebus crepuscularis)* und Weinschwärmer *(Deilephila elpenor lewisii)*.

Mais

25

Ein Aaskäfer *(Necrodes nigricornis)*, einige Gottesanbeterinnen *(Paratenodera aridifolia)*, viele Augenspinner *(Actias artemis aliena)*, *Planaeschna milnei* (Libelluidae), ein Erlenblattkäfer; Wasserwanzen *(Gerris paludum insularis)* bei der Eiablage beobachtet.

Färberbaum

26

Die Paarung von *Anax parthenope julius* (Aeschnidae) beobachtet; Zikaden *(Platypleura kaempferi)*, Wasserwanzenlarven *(Ilyocoris exclamationis)*, ein großer Taumelkäfer *(Dineutus orientalis)* sowie zahlreiche Libellen *(Pseudothemis zonata)*.

Gehölz

27

Überall war das Zirpen von *Cryptotympana japonensis* zu hören; konnte die Paarung von Raubfliegen (Asilidae) beobachten; Bockkäfer *(Mallambyx raddei)*, rote Sommerlibellen *(Sympetrum darwinianum)*, Hummeln *(Bombus diversus)* sowie viele kleine Libellen *(Ictinus clavatus)*.

Wasserdost

28

Den Gesang der Zikade *Cryptotympana japonense* gehört. Außerdem: Laubheuschrecken *(Gampsocleis buergeri)*, große Wasserläufer *(Gerris elongatus)*, Sackspinnen *(Chinacanthium lascivum)*, Schwarzkäfer *(Plesiophthalmus nigrocyaneus)* und Libellen *(Epophtalmia elegans)* gesehen.

Caesalpinia sepiaria

29

Eine Radnetzspinne *(Cyrtarachne nagasakiensis)*, Windenschwärmer *(Herse convolvuli)*, Prachtkäfer *(Alaus berus)*, Blattkäfer *(Chrysomela viginipunctata)*, *Linaeidea anenea* und geschäftige Zikaden *(Graptopsaltria nigrofuscata)*.

Chili

30

Eine Teufelslibelle *(Anotogaster sieboldii)* bei der Eiablage beobachtet; zahlreiche Kleinlibellen *(Ischnura asiatica)*, eine Radnetzspinne *(Neoscona scylla)*, Rüsselkäfer *(Ecatorrhinus adamsi* und *Echinocnemus squameus)*.

Dolichos lablab

31

Viele Wanderheuschrecken *(Locusta migratoria)*, Mandarin-Wespen *(Vespa mandarina)*, zahlreiche Exemplare einer rot-schwarzen Zikadenart *(Graptopsaltria nigrofuscata)*, Schreckspinnen *(Leucauge magnifica* und *Calopteryx atrata)* sowie Libellen *(Crocothemis servilia)*.

Starre Zeiten

Eine Periode scheinbarer Ruhe

Die Zeit zwischen der Verwandlung von der Raupe zum erwachsenen Falter verbringen die Schmetterlinge als Puppe. Farbe, Form und Größe solcher Puppen sind je nach Art völlig verschieden. Die Puppe befestigt sich mit ihrem Hinterende, entweder hängt sie dabei mit dem Kopf nach unten (Sturzpuppe), oder sie befestigt sich mit einem seidenen Gürtel (Gürtelpuppe). Was im Inneren einer solchen Puppe vor sich geht, beschäftigte seit jeher die Phantasie der Menschen: Eine Raupe wird zum Schmetterling.

Dichorragia nesimachus nestiotes

Hestina japonica

Lethe marginalis (Nymphalidae)

Vanessa indica

Nymphalis xanthomelas

Blauer Admiral

Weißer Admiral *(Ladoga camilla japonica)*

Ussuriana stygiana

Choaspe benjaminii japonica

Chrysozephyrus aurorinus

Wagimo signata

Ritterfalter *(Byasa alcinous)*

In der Puppe vollzieht sich die Verwandlung von der Raupe zum Schmetterling, ein Prozeß, der in seiner ganzen Komplexität unser Vorstellungsvermögen übersteigt.

Papilio machaon hippocrates

P. machaoon hippocrates

Gürtelpuppe eines Weißlings *(Eurema hecabe mandarina)*

P. xuthus (frisch verpuppt)

P. xuthus

P. xuthus (älter)

P. helenus nicconicolens

Graphium sarpedon (von vorne)

Curetis acuta paracuta

Narathura japonica

Weißlingspuppe *(Anthocaris scolymus)*

Artopoetes pryeri

Zizeeria mahaargia

Die Körperzellen einer Puppe teilen sich 100 - 200mal so schnell wie die einer Raupe.

Kleiderrecycling
Eine Weißlingsraupe schlüpft

Die Raupe des Weißlings *(Colias erate poliographus)* hat sich aus dem kleinen Ei befreit. Es ist erstaunlich, wie sie überhaupt darin Platz gefunden hat. Bald wird sie die erste Mahlzeit zu sich nehmen: Sie frißt ihre eigene Eihülle.

❶ 6.14 Uhr: Kurz vor dem Schlüpfen.

❷ 6.32: Das Ei wird angebissen.

❸ 6.42 Uhr

❹ 6.47 Uhr

❺ 6.48: Der Kopf erscheint.

❻ 6.48: Der Körper befreit sich.

❼ 6.48: Die Raupe verläßt das Ei.

❽ 6.49: Frei!

❾ 6.49: Sie entfernt sich kurz ...

❿ 6.53: ... und ändert die Richtung.

⓫ 6.53: Sie kriecht auf die Hülle zu.

⓬ 6.54: Hat sie die Hülle wieder erreicht ...

⓭ 6.55: ... wird diese gefressen.

⓮ 7.08: Sie beginnt oben ...

⓯ 7.14: ... an der Schlupfstelle

⓰ 7.29: Die obere Hälfte der Eihülle ...

⓱ 7.37: ... wird aufgefressen.

⓲ 7.49 Uhr

⓳ 7.57 Uhr

⓴ 8.19: Die Hülle ist vertilgt.

Die Eihülle beinhaltet wertvolle eiweiß- und stickstoffhaltige Nährstoffe, die für die Raupe äußerst wichtig sind, um ihren ersten Faden spinnen zu können.

Das zweite Gesicht
Insekten mit Augenflecken

Selbst wir Menschen zucken zusammen, wenn ein Insekt plötzlich seine Augenflecken zeigt. Der Sinn dieser Täuschung besteht allerdings darin, natürliche Feinde, z. B. Vögel oder Kleinsäuger, zu erschrecken.

Schwärmerraupe *(Theretra oldenlandiae)* (älteres Stadium, Schreckstellung)

Schwärmerraupe *(Theretra japonica)*

Ritterfalter (Raupe)

Seidenspinnerraupe

Spinnerraupe

Theretra oldenlandiae (junges Stadium)

Papilio xuthus

Weinschwärmer

Augenfalter

Lethe sicelis

Ypthima argus (Satyridae)

Abendpfauenauge *(Smerinthus planus)*

Dictyoploca japonica

Eulenfalter *(Erebus crepuscularis)*

Verschiedene Experimente und Naturbeobachtungen haben belegt, daß die Augenflecken tatsächlich eine abschreckende Wirkung auf Freßfeinde haben.

Die Schönen der Nacht

Nachtfalter, die am Tag fliegen

Aus der artenreichen Gruppe der Nachtfalter gibt es einige, die auch am Tag aktiv sind. Sie besitzen ein ebenso farbenprächtiges Kleid wie die Tagfalter, weisen aber oft bizarre Körperformen auf. Man sollte ihnen gleich viel Aufmerksamkeit schenken wie den Tagfaltern.

Widderchen *(Artona gracilis)*

Pterodecta felderi

Spanner *(Arichanna melanaria fraterna)*

Widderchen *(Chalcosia remota)*

Elcysma westwoodii

Langhornmotte *(Adela nobilis)*

Widderbären (Syntomidae)

Federgeistchen (Pterophoridae)

Spanner *(A. gaschkevitchii)*

Psychostrophia melanargia

Eulype hastata hecate

Zünsler *(Bocchoris inspersalis)*

Viele dieser kontrastreich gefärbten Falter signalisieren mit ihrer Färbung Giftigkeit oder ahmen giftige Arten nach.

Lebensräume I

Insekten des Frühsommers

Jeder hat sicher schon einmal die Erfahrung gemacht, daß man bestimmte Insekten immer wieder an den gleichen Orten findet. Insekten, wie auch andere Tiere und die Pflanzen, sind ausgesprochen abhängig von den Lebensbedingungen ihrer unmittelbaren Umgebung. Jede Art benötigt zum Überleben einen Lebensraum, der alle ihre Ansprüche befriedigt: den Biotop oder die Adresse der Art.

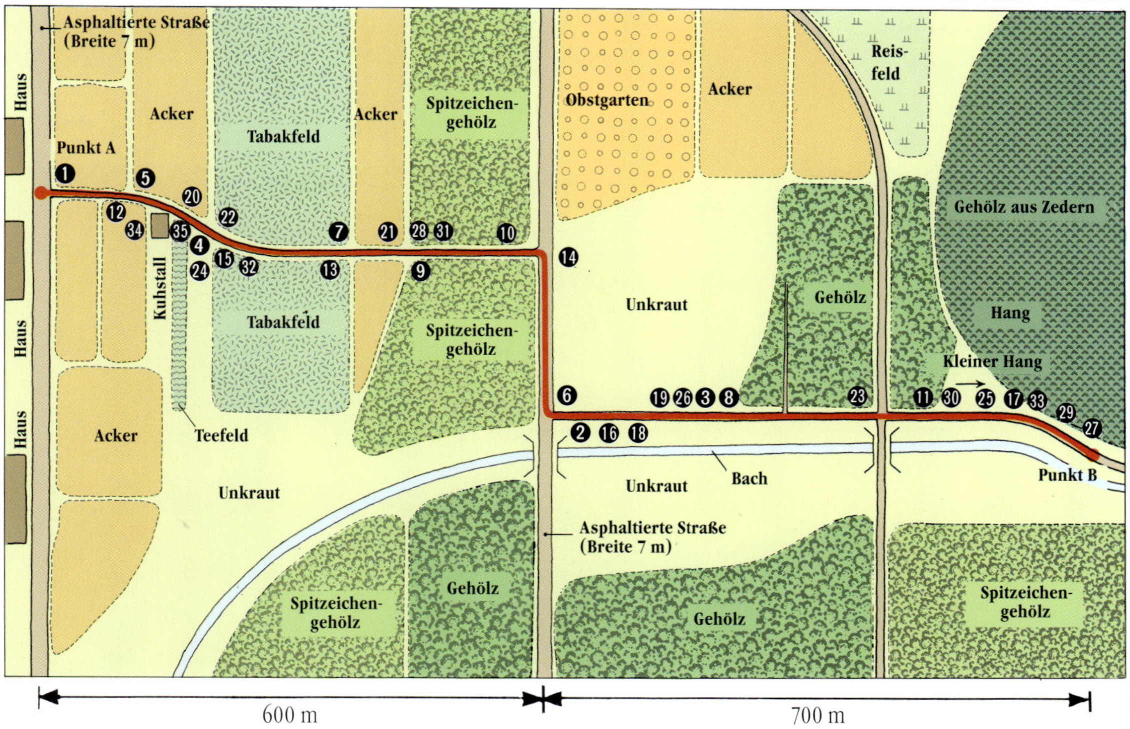

Alle abgebildeten Exemplare habe ich am Straßenrand gefunden, als ich an einem Frühsommertag zwischen Punkt A und Punkt B zwei Stunden lang hin und her spazierte.

1. Kleiner Kohlweißling, **2.** Blattkäfer, **3.** Rüsselkäfer, **4.** Junge Gottesanbeterin, **5.** Bläuling, **6.** Feldheuschrecke, **7.** *Eurema hecabe mandarina,* **8.** Rote Herbstlibelle, **9.** Laubheuschreckenlarve, **10.** Laufkäfer, **11.** Radnetzspinne, **12.** Marienkäfer, **13.** *Argiope aether,* **14.** *Oberea inclusa infranigrescens,* **15.** *Orthetrum albistylum speciosum,* **16.** *Pseudothemis zonata,* **17.** Streckerspinne, **18.** Blatthornkäfer, **19.** Laubheuschreckenlarve, **20.** *Metrioptera hime,* **21.** Blattkäfer, **22.** *Popillia japonica,* **23.** Spanner, **24.** Bockkäfer, **25.** Widderchen, **26.** Wanze, **27.** *Calopteryx cornelia,* **28.** Faltenwespe, **29.** *Pieris melete,* **30.** *Tettigonia orientalis* (Männchen), **31.** *Anterhynchium flavomarginatum micado,* **32.** Bockkäfer, **33.** Dickkopffalter, **34.** *Sympetrum eroticum,* **35.** Rosenkäfer

Anhand der Veränderung der Insektenfauna eines Gebietes lassen sich Rückschlüsse auf die Veränderung der Umwelt ziehen.

Das kleine Geschäft
Ausscheidungen der Insekten

Auch Insekten verrichten ihr kleines Geschäft. Jeder hat schon einmal die Erfahrung gemacht, daß bei strahlendblauem Himmel Tröpfchen auf seinen Armen landeten. Es ist erstaunlich, welche Tricks Insekten erfunden haben, damit die Ausscheidungen nicht auf sie selbst fallen.

Mittlerer Weinschwärmer *(Deilephila elpenor lewisii)* (fliegend, mit aller Kraft nach hinten ausstoßend)

Zikade *(Platypleura kaempferi)* (Körperende gekrümmt, nach links ausstoßend)

Rhodinia fugax fugax (leise und unauffällig fallen lassend)

Blatthornkäfer (rechtes hinteres Bein angezogen, kraftvoller Strahl)

Nymphalidae (Flügel ausgebreitet, das hintere Ende hoch gestellt)

Nymphalis xanthomelas (Flügel ausgebreitet, zur Seite gewendet)

Raupe des Ritterfalters (läßt den Kot beim Gehen fallen)

Kleiner Kohlweißling (Kotbrocken)

Kot der Kohlweißlingsraupe: Die Farbe entspricht der zuvor gefressenen Nahrung.

Blatthornkäferlarve (produziert Kot während des Fressens)

Akrobaten der Lüfte

Der Insektenflug

Die Gestalt der fliegenden Insekten ist von bezaubernder Schönheit. Fast alle Insekten können fliegen: um zu arbeiten, zur Nahrungssuche, zur Liebeswerbung oder zur Verbreitung der Art. Die Insekten waren die ersten Tiere auf der Erde, die den Luftraum erobert haben.

NESTBAU

Eine Blattschneiderbiene transportiert ein ausgeschnittenes Blattstück in ihr Nest. Jede Zelle des Nests ist mit Blättern ausgekleidet und mit Blütenstaub gefüllt.

LIEBESWERBUNG

Zwei Männchen *(Colias erate poliographus)* fliegen einem Weibchen nach.

Annäherungsversuch

Paarungsversuch

SCHWIRRFLUG

Schwebfliegen paaren sich im Flug.

Schwebfliege *(Lasiopticus komabensis)*

Hummelschwärmer vor einer Blüte.

Schwärmer setzen sich nie auf eine Blüte.

Seit der Karbonzeit (vor 280 - 330 Millionen Jahren) beherrschen Insekten das Fliegen. Sie sind ausgesprochene Meister dieses Metiers.

START

Siebenpunkt-Marienkäfer: Start von der Spitze eines dünnen Zweiges.

Blatthornkäfer: Start mit ausgestreckten Beinen.

Sandlaufkäfer: Abflug von der Oberfläche eines Steins.

(Schildwanze): Start von einer Blattoberfläche.

AUF DER REISE

Der japanische Monarchfalter auf seiner Langstreckenwanderung nach Süden.

TERRITORIUM

Libellenmännchen beim Revierkampf.

Patrouille über einem Teich.

Streifflug über einem Teich.

Ritterfalter: Streifflug über einem Hügel.

Die Flugmuskeln der Insekten sind hochspezialisiert. Fliegen und Bremsen können bis zu 1000mal in einer Sekunde mit den Flügeln schlagen.

Beobachtungen am Wasser
Wasserinsekten

Unterzieht man sich einmal der Mühe, ein kleines Gewässer aufzusuchen, wird man erstaunt sein über die Vielfalt der Insekten am und im Wasser. Viele Arten haben Larvenstadien, die ausschließlich im Wasser leben und erst nach vollendeter Entwicklung das Land aufsuchen. Andere Arten wiederum verfügen über hochspezialisierte Anpassungen, die ihnen auch als erwachsene Insekten ein Leben im Wasser ermöglichen (s. Seite 175).

Kolbenwasserkäfer *(Hydrophilus acuminatus)*

FLACHE TEICHE

Sternolophus rufipes (Hydrophilidae)

Berosus japonica (Hydrophilidae)

Peltodytes intermedius (Haliplidae)

Taumelkäfer *(Dineutus orientalis)*

Rückenschwimmer *(Notonecta triguttata)*

Wasserwanze *(Sigara substriata)*

Riesenwasserwanze *(Diplonychus japonicus)*

Laccobius bedeli (Hydrophilidae)

Rückenschwimmer *(Anisops genji)*

Teichläufer *(Hydrometra procera)*

Wasserläufer *(Gerris lacustris)*

Die Wasserinsekten stammen von landlebenden Ahnen ab. Die Atmung hat sich im Laufe der Zeit perfekt dem Wasserleben angepaßt.

Wasserläufer *(Gerris paludum insularis)*

Stabwanze *(Ranatra chinensis)*

TIEFERE GEWÄSSER

Wasserwanzen bei der Paarung.

Raupe von *Nymphula interruptalis.*

Blattkäfer *(Galerucella nipponensis)*

Stabwanze *(Ranatra unicolor)*

FLIESSGEWÄSSER

Libellenlarve *(Anotogaster sieboldii)*

Larve von *Protohermes grandis.*

Köcherfliegenlarve *(Perissoneura paradoxa)*

Eintagsfliegenlarve *(Rhithrogena japonica)*

Wasserläufer *(Metrocoris spec.)*

Käferlarve *(Mataeopsephenus japonicus)*

Szenen einer Verwandlung

Schlüpfen einer Zikade

Der Abschluß der Larvalentwicklung bedeutet den Beginn eines völlig neuen Lebens. Es ist immer wieder faszinierend zu beobachten, wie die erwachsenen Zikaden aus ihrer letzten Larvenhaut ausschlüpfen. Einem plumpen Gebilde entsteigt ein filigranes Geschöpf, das wie eine feinmodellierte Wachsarbeit anmutet. Zu keinem anderen Zeitpunkt ist das Tier so schutzlos wie in diesem Augenblick. In gleichem Maße, wie der Körper sich dunkel färbt, werden die milchigen Flügel klarer, und verschiedene Muster bilden sich aus. Schon bald darauf fliegt sie in eine für sie neue Welt hinaus.

19.08: Die Larve erklettert einen Baum.

❶ 19.55: Sie sucht einen geeigneten Platz.

❻ 20.30 Uhr

❼ 20.34 Uhr

❽ 20.38: Der Kopf erscheint ...

❾ 20.41: ... und ist vollständig befreit.

⓮ 20.51 Uhr

⓯ 20.53: Die Beine sind frei.

⓰ 20.56: Kopfüber ruht sie aus.

⓱ 21.07: Die Beine werden etwas bewegt.

㉒ 21.14 Uhr

㉓ 21.18 Uhr

㉔ 21.24 Uhr

㉕ 21.35: Die Flügel sind ...

Graptopsaltria nigrofuscata *schlüpft im Juli. Dies geschieht stets zur gleichen Tageszeit: Die Larve verläßt kurz nach Sonnenuntergang das Erdreich.*

2 20.18: Der Rücken reißt auf.

3 20.21: Der Riß weitet sich.

4 20.24: Der Thorax quillt heraus.

5 20.27 Uhr

10 20.43 Uhr

11 20.46: Die Beine erscheinen.

12 20.48 Uhr

13 20.50 Uhr

18 21.07: Beginnt, sich aufzurichten.

19 21.07: Hält sich an der Exuvie fest.

20 21.08: Das Abdomen ist frei.

21 21.10: Die Flügel breiten sich aus.

26 21.55: ... fast ausgebreitet und in ...

27 22.15: ... normaler Haltung.

28 22.55: Flügel färben sich langsam.

29 2.00: Flügel und Körper erhärtet.

Bunte Vielfalt
Verschiedene Zikaden und Wanzen

Oberflächlich betrachtet, ähneln manche Wanzen den Zikaden. Genau wie diese stechen viele ihre strohhalmartigen, langen Mundwerkzeuge in Pflanzen ein und saugen so den Pflanzensaft. Doch im Gegensatz zu den Gesängen der Zikaden verfügen nur wenige Wanzen über Möglichkeiten zur Lautäußerung.

Junge Ritterwanze *(Togo hemiptera)*

Schildwanze *(Eucorysses grandis)*

DIE WANZEN

Kohlwanzenlarven *(Eurydema rugosum)*

Wanzenlarve

Weichwanze *(Deraeocoris amphus)*

Lederwanze

Kohlwanzen bei der Paarung.

Nezara antennata (Larve)

Feuerwanzen

Lederwanzen *(Riptortus clavatus)*

Schildwanzen *(Nezara antennanta)*

Weichwanze (Miridae)

Plautia crossata (Larve)

Lederwanzen *(Hygia opaca)*

Zikaden und Wanzen gehören zu den Schnabelkerfen (Rhynchota). Charakteristisch sind die stechend-saugenden Mundwerkzeuge,

Carpocoris purpureipennis

Cletus rusticus

Coptosoma punctatissimum

Gorbett-Wanze (Coreidae) mit Exuvie.

Elasmostethus humeralis

Waldwanze *(Halyomorpha brevis)*

Zahlreiche Kugelwanzen an Glyzine saugend.

DIE ZIKADEN

Pochazia fuscata

Ricania japonica

Diostrombus politus

Larve der Schaumzikade *(Obirhora intermedia)*

Gersithus iguchii

Schaumzikade *(Obirhora intermedia)*

Bothrogonia japonica

Tettigella viridis

Drabescus nigrifemoratus

Gargara genista

Ledra auditura

mit denen sie flüssige Nahrung aufnehmen. Neben vielen landlebenden Arten findet man unter den Wanzen auch zahlreiche, die im Wasser vorkommen.

Liebeslieder

Eine Singzikade auf Freiersfüßen

Im Frühsommer, als ich vom Gesang der Singzikade *Platypleura kaempferi* begleitet spazierenging, bemerkte ich, daß eine Zikade in unmittelbarer Nähe plötzlich ihren Ton änderte. Als ich nachsah, entdeckte ich ein Männchen, das gerade ein Weibchen umwarb. Schon nach wenigen Minuten Balzgesang zeigte sich das Weibchen paarungsbereit.

In der Nähe eines zirpenden Männchens versammeln sich immer mehrere Weibchen.

❶ Das Männchen (links) nähert sich dem Weibchen, das versucht auszuweichen.

❷ Das Männchen (links) berührt das Weibchen mit seinen Vorderbeinen.

❸ Das Weibchen (rechts) reagiert, gegenseitige Berührung der Beine.

❹ Das Männchen (links) versucht die Paarung.

❺ Die Paarung: Das Männchen befindet sich schräg seitwärts über dem Weibchen.

❻ Die Paarung ist beendet, das Männchen (unten) verläßt das Weibchen.

Verteidigungsstrategien

Drohen und Totstellen

Die Insekten haben verschiedene Methoden entwickelt, um sich vor Angriffen zu schützen. Drohgebärden, stinkender Geruch und Totstellen sind wirksame Mittel wenn eine Attacke zu befürchten ist. Innerhalb meines Beobachtungsgebiets kann man alle diese Verhaltensweisen beobachten und auch selbst solche Verhaltensweisen auslösen. Manche Drohgebärden wirken selbst auf den Menschen beindruckend.

ZITTERBEWEGUNGEN

Die Raupe von *Arcte coerulea* erschreckt Feinde durch heftige Körperbewegungen.

GROSSMACHEN

Die Gottesanbeterin imponiert, indem sie die Vorderbeine hebt.

Zusätzlich kann sie noch ihre Flügel ausbreiten.

ÜBLE GERÜCHE

Die Raupe des Ritterfalters streckt orangefarbene, stinkende Hörner aus.

Der Siebenpunkt-Marienkäfer sondert eine gelbe, giftige Flüssigkeit ab.

TOTSTELLREFLEX

Rhynchites heros stellt sich tot und fällt vom Blatt wie ein Tröpfchen.

Der Rüsselkäfer *(Ectatorrhinus adamsi)* stellt sich tot und läßt sich fallen.

Abschreckungsverhalten und Totstellreflex irritieren Feinde. Schon wenige Sekunden des Zögerns können das Insekt retten.

Der König der Käfer

Die Verwandlung eines Blatthornkäfers

Mit seiner stattlichen Erscheinung ist der Blatthornkäfer *Allomyrina dichotoma* der König unter den Käfern. Wer einmal ein fliegendes Exemplar zu Gesicht bekommen hat, wird seinen kraftvollen Flug in bleibender Erinnerung behalten.

❶ Fünf Tage vor der Verwandlung.

❷ 22.25: Kurz vor dem Schlüpfen.

❸ 22.43: Die Beine bewegen sich.

❹ 22.50: Kopf und Brust erscheinen.

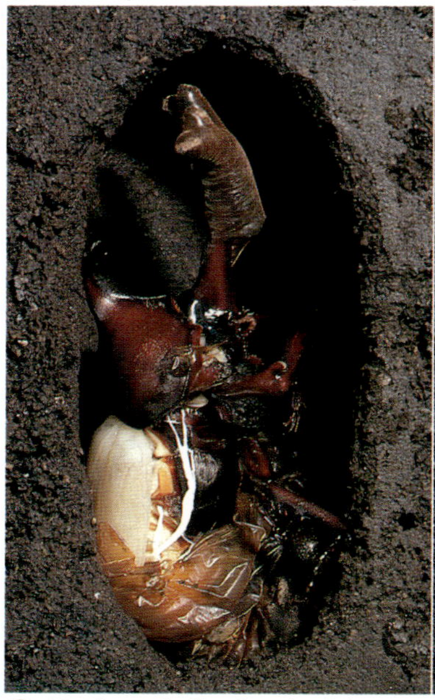

❺ 22.56: Vorderflügel sind sichtbar.

❻ 23.14: Fast ausgeschlüpft.

❼ 23.25: Hinterflügel entfalten sich.

❽ 23.40: Die hinteren Flügel entfaltet.

❾ 23.55: Die Vorderflügel färben sich.

❿ 0.05: Hinterflügel werden gefaltet.

⓫ 0.25: Die Farbe wird intensiver.

⓬ 1.30: Vorderflügel werden braun.

Die Larve ernährt sich in ihrer Wachstumsphase im Boden von Pflanzenmaterial. Die Metamorphose zum fertigen Insekt vollzieht sich ein Jahr später, im Sommer.

Kinderstube eines Kämpfers

Der Hirschkäfer *Prospocoilus inclinatus*

Hirschkäfer zählen zu den imposantesten Erscheinungen in der Welt der Insekten. Manche Arten tragen im männlichen Geschlecht eine Art Geweih. Beim Kampf zweier Rivalen versucht jeder den anderen damit zu bezwingen.

❶ 7 Tage vor der Metamorphose.

❶ 23.44: Die Beine bewegen sich.

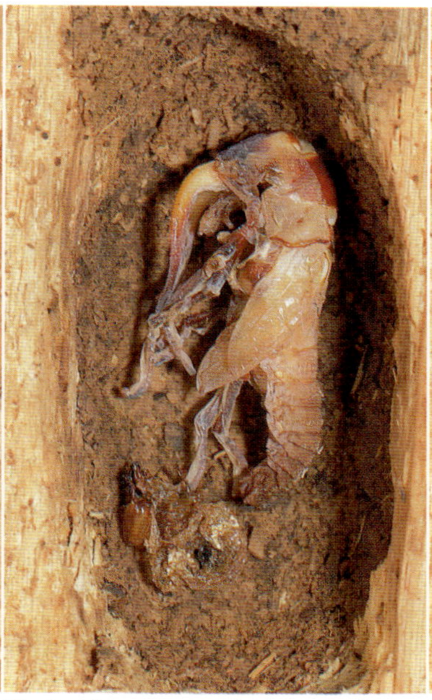
❸ 23.56: Die Puppe platzt am Rücken.

❹ 0.01: Der Kopf wird sichtbar und ...

❺ 0.08: ... die Vorderflügel erscheinen.

❻ 0.16: Hülle fast vollständig verlassen.

❼ 0.19: Hinterflügel glätten sich.

❽ 0.35: Sie sind entfaltet.

❾ 0.50: Die Vorderflügel färben sich.

❿ 1.00: Die Farbe wird intensiver.

⓫ 1.20: Hinterflügel werden gefaltet.

⓬ 2.50: Der ganze Körper ist ausgefärbt.

Hirschkäferlarven ernähren sich von zersetztem Holz. Die komplette Entwicklung bis zum Imago dauert 1 - 4 Jahre.

August

Erste Dekade:
Fast täglich wird es wärmer als 30 Grad. Im Dunst des heißen Sommers fliegen Bläulinge leichtflügelig über die Wiesen. Das Zirpen der Laubheuschrecken vermischt sich mit dem Flirren der Luft über den Feldern. Es ist Hochsommer, grelles Licht wechselt mit Schatten.

Zweite Dekade:
An manchen Tagen erreicht das Thermometer die 30-Grad-Marke nicht mehr. Der Gesang der Zikaden läßt bereits das Ende des Sommers erahnen.

Dritte Dekade:
Wenn nachts das Zirpen der großen japanischen Laubheuschrecken ertönt, sind die ersten herbstlichen Tage nicht mehr fern.

An einem wunderschönen Sommernachmittag häutete sich inmitten eines Melonenfeldes eine Wanderheuschrecke.

August
Tagesbeobachtungen

Sonnenblume

1 Einen Falter *(Sasakia charonda)* (Nymphalidae) mit verletztem Flügel gefunden; in den Bäumen zirpten Zikaden *(Tanna japonensis)*; eine andere Zikadenart *(Cryptotympana japonensis)* bei der Paarung beobachtet sowie rote Herbstlibellen *(Sympetrum frequens)* hoch oben im Gebirge.

Sojapflanze

2 In der Dämmerung flogen mehrere Exemplare des Schwärmers *Theretra oldenlandiae*; Weinschwärmer versammelten sich, um Baumsäfte zu trinken; die Nester der Wespen wurden immer größer; außerdem viele Blatthornkäfer gesehen, und die Zikaden zirpten laut. Die höchste Temperatur des Jahres registriert.

Ölweide

3 Laubheuschrecke laut zirpen gehört; Hirschkäfer bei der Paarung beobachtet; viele *Geisha distinctissima* waren unterwegs; Ritterfalter (Sommertyp), mehrere Blattkäfer *(Chrysochroa fulgidissima)* sowie zahlreiche Eulenfalter *(Catocala patala)*.

Mischgehölz

4 Riesenwasserwanzen *(Diplonychus japonicus)* bei der Eiablage und die Larven einer anderen Riesenwasserwanzenart *(Lathocerus deyrollei)* beobachtet; außerdem: zahlreiche Grillenlarven *(Teleogryllus yemma)*, Libellen *(Anax nigrofasciatus nigrofasciatus)* sowie Larven einer Schwimmkäferart *(Cybister japonicus)*.

Kassia

5 Ausgewachsene Wanderheuschrecken *(Locusta migratoria)*, Larven eines Laufkäfers *(Damaster blaptoides)*, ein Wasserskorpion *(Laccotrephes japonensis)*, eine Raupe von *Epipomponia nawai*, zahlreiche Exemplare der japanischen Zikade *(Tanna japonensis)* und Heuschrecken *(Mongolotettix japonicus)*.

Früchte des Sumachbaums

6 Eine junge Radnetzspinne entdeckt, viele Falter (Nymphalidae, Sommertyp) flatterten über den Wiesen; Bockkäfer *(Leptura ochraceofasciata)*, solitäre Faltenwespen *(Odynerus quadrifasciatus)*, Ritterfalter *(Papilio macilentus)* sowie: dem Zirpen einer Zikade *(Meimuna opalifera)* zugehört.

Minois dryas bipunctatus

7 Das Libellenrad von *Anax parthenophe julius* bewundert, den Flug der Libelle *Epophtalmia elegans* studiert, ein kleiner Schillerfalter *(Apatura ilia substituta)*, ab und zu Blatthornkäfer *(Torynorrhina polita)* und die Brackwespe *(Euurobracon yokohamae)* gesehen.

Dunbaria villosa

8 Heute gesehen: Schwalbenschwanzraupen *(Papilio machaon hippocrates)*, Eulenfalter *(Erebus crepuscularis)*, Raubfliegen *(Promachus yesonicus)*, Rosenkäfer *(Protaetia orientalis submarmorea)*, *Spirama retorta* und eine Kreuzspinne *(Araneus ventricosus)*.

Pfeilkraut

9 Ein Roter Admiral mit beschädigtem Flügel; das Ausschlüpfen einer Zikade *(Gastrimargus marmoratus)* beobachtet, eine frischgeschlüpfte Larve der Riesenwasserwanze gesehen; Bockkäfer, viele Heuschreckenlarven *(Nephotettix cincticeps)* im letzten Stadium sowie einige junge Gottesanbeterinnen *(Paratenodera angustipennis)*.

Stechwinde

10 Die Blüten der Lagerströmia begannen sich zu öffnen; eine große Zikade mit Häutungsschäden; Wasserkäfer *(Sternolophus rufipes)* (Hydrophilidae), Grabwespen *(Sphex argentatus fumosus)*, Schwimmkäfer *(Cybister japonicus)* sowie die große schwarze Ameise *(Camponotus japonicus)* beim Futtertransport beobachtet.

Waldrebe

11 Faltenwespen *(Odynerus quadrifasciatus)* transportierten Erde; den Sommertyp des Schmetterlings *Polygonia c-aureum* gesehen, *Cryptotympana japonensis* schlüpfte aus; eine große Zahl Blatthornkäfer, Kolbenwasserkäfer *(Hydrophilus acuminatus)* und viele Schwimmkäfer *(Rhantus pulverosus)*.

Dreiblättriges Pfeilkraut

12 Ein ergiebiger Tag: Heuschrecken; junge Gottesanbeterinnen, ein kleiner schwarzer Wasserkäfer *(Sternolophus rufipes)*, mehrere Schillerfalter *(Apatura ilia substituta)*, *Kaniska canace-no-japonicum* (Sommertyp) und ein Weibchen der großen Asiatischen Laubheuschrecke *(Tettigonia orientalis)*.

Symplocos chinensis

13 Viele Ameisenlöwen *(Hagenomyia micans)* und Ritterfalter *(Papilio xuthus)*, ein schlüpfender Schmetterling *(Epipomponia nawai)*, Schwärmer *(Macroglossum pyrrhosticta)*, *Paranara guttata* sowie etliche Falter *(Polygonia c-aureum)*.

Hemerocallis longituba

14 Die Gottesanbeterin *Paratenodera aridifolia* erreichte das letzte Larvenstadium, eine andere Gottesanbeterin *(Paratenodera angustipennis)* erbeutete eine Zikade; die Larve eines Dickkopffalters, Laufkäfer im Gehölz, Libellen am Teich sowie eine Heuschrecke *(Diestrammeus japonica)*.

Quamoclit coccinea

15 Die Grillen begannen zu singen; viele Sommertypen von *Hestina japonica*, ein *Mycalesis gotama fulginia* (Nymphalidae), den Flug der Ritterfalter *Papilio helenus nicconicolens* und die Paarung der schwarzroten Zikade *(Graptopsaltria nigrofuscata)* beobachtet.

Prunus grayana

16 Zwei Bockkäferarten *(Psacothea hilaris* und *Tetropium castaneum)*, eine große, bunte Laubheuschrecke *(Ducetia japonica)*, die Larve einer Stabwanze *(Ranatra chinensis)*, Zikaden *(Meimuna opalifera)* und Radnetzspinnen *(Araneus ventricosus)*.

Schwalbenwurzgewächs

17 Die ersten Tabakpflanzen und *Pueraria lobata* (Schmetterlingsblütler) blühten; Sandlaufkäfer *(Cicindela japonica)*, Wasserwanzen *(Notonecta triguttata)* und eine Riesenwasserwanze *(Diplonychus japonicus)*.

Agrimonia eupatoria

18 Das Zirpen der Grillen *(Oecanthus longicauda)* und einer großen Laubheuschrecke *(Mecopoda nipponensis)* war unüberhörbar; weiterhin: Rüsselkäfer *(Apoderus erythrogaster)* und ein Kolbenwasserkäfer *(Hydrophilus acuminatus)*.

Sonnenblume

19 Vier verschiedene Laubheuschreckenarten gesehen: *Hexacentrus japonicus, Tettigonia orientalis, Metrioptera hime* und *Homorocoryphus niticulus.* Ansonsten hörte man überall das Zirpen der Zikaden *(Graptopsaltria nigrofuscata)*.

Liguster

20 Radnetzspinnen *(Nephila clavata)* wuchsen weiter heran; die Zahl der Zikaden *(Meimuna opalifera)* hatte beträchtlich zugenommen; Wespen *(Vespa mandarina* und *Parapolybas varia)* sowie Gottesanbeterinnen *(Hierodula patellifera)*.

Zikade mit Parasiten

21 Die Paarung der Nasenschrecke *(Acrida turrita)* beobachtet; viele Eulenfalter *(Erebus crepuscularis)*, immer mehr Grillen *(Calyptotrypus hibinonis)*, ein Schillerfalter *(Apatura ilia)* und die Farbe der Roten Herbstlibelle *(Sympetrum frequens)* wurde zusehends intensiver.

Prunus grayana

22 Eine Grille *(Homoeogryllus japonicus)* schlüpfte, die Paarung der Nasenschrecke *Acrida turrita* beobachtet, viele lebhafte Falter *(Hestina japonica)* (Nymphalidae) flogen umher; zirpende Laubheuschrecken *(Gampsocleis buergeri)*, Bremsen *(Tabanus chrysurus)* sowie Wespen *(Vespa mandarina)* bei der Nahrungsaufnahme.

Quercus serrata (junge Frucht)

23 Libellen *(Anotogaster sieboldii)* auf Streifflug am Teich; zwei Zikadenarten: *Cryptotympana japonensis* und *Meimuna opalifera*; Grillenlarven *(Teleogryllus yemma)* und die ersten Blüten von *Clerodendron trichotomum* (Verbenaceae).

Tagwinde

24 Eine Wegwespe *(Cyphononyx dorsalis)* transportierte eine erbeutete Spinne in ihr Nest; die Blüten von *Fagara ailanthoides* öffneten sich; Gottesanbeterinnen *(Paratenodera aridifolia)*, Rüsselkäfer *(Curculio arakawai)*, eine kleine Laubheuschrecke *(Metrioptera hime)* sowie Laufkäfer *(Damaster blaptoides)*.

Hirse

25 Eine Wespe mit gelben Flügeln *(Vespa xanthoptera)*, viele Heuschrecken *(Sphingonotus japonicus* und *Locusta migratoria)*; zufällig den Kokon einer Brackwespe *(Epipomponia nawai)* gefunden; einen Distelfalter *(Vanessa cardui)* sowie erstmals einen Wurzelbohrerschmetterling (Hepialidae) gesehen.

Wilde Rebe

26 Die Paarung der Libellen *(Orthetrum albistylum speciosum)* beobachtet; eine Wespenspinne *(Argiope bruennichii)*, immer noch Blatthornkäfer *(Allomyrina dichotoma)* unterwegs, Kleine Kohlweißlinge *(Pieris rapae)*, Ritterfalter *(Papilio bianor dehanii)* und Sandlaufkäfer *(Cicindela japonica)*.

Indigostrauch

27 Einen Ritterfalter *(Papilio protenor demetrius)* gesehen; Raupen von *Vanessa indica* sowie einen ausgewachsenen Falter; eine Riesenwasserwanze *(Lathocerus deyrollei)* in den Reisfeldern und Bläulinge *(Curetis acuta paracuta)* (Herbstform).

Paederia scandens

28 Larven der Sichelschrecke *(Phaneroptera falcata)*, *Mycalesis gotama fulginia* (Nymphalidae), einige Hummeln *(Bombus diversus)*, viele Raubfliegen *(Promachus yesonicus)* und die Blüten des Hagi-Strauchs *(Platycodon grandiflorum)* öffneten sich.

Prachtnelke

29 Zahlreiche Grillenlarven *(Teleogryllus yemma)*, junge Wespenspinnen *(Argiope brünnichi)*, *Kaniska canaceno-japonicum* bei der Eiablage beobachtet, Schwärmer (Sphingidae) und Zikaden *(Gergithus iguchii)*.

Wilde Rebe

30 Laubheuschrecken *(Gampsocleis buergeri)* bei der Eiablage beobachtet, zwei Zikadenarten *(Orthopagus lunulifer* und *Bothrogonia japonica)* sowie: Laubheuschrecken *(Homorocoryphus nitidulus)*, ein Kleiner Eisvogel *(Ladoga camilla japonica)* und Schwärmer *(Cephanodes hylas)*.

Dioscorea japonica

31 Eine Gottesanbeterin häutete sich, viele Raupen der Schildmotte, Grillen sangen sehr laut und Zikaden zirpten; die Zahl der Insekten, die von Pflanzensaft leben, war deutlich zurückgegangen, die Schwalbenschwänze traten häufiger als sonst auf.

Eine kleine Legemaschine

Die Eiablage einer Laubheuschrecke

Mit Hilfe einer langen Legeröhre legen die Weibchen von *Gampsocleis buergeri* ihre Eier tief in der Erde ab. Die Röhre selbst besteht aus mehreren Teilen, die sich beim Bohrvorgang abwechselnd bewegen. Dabei bohrt sie gleichzeitig tiefer in die Erde. An der Basis dieses Legeapparates befinden sich viele Muskeln, die ihn sehr beweglich machen. Hier hat die Natur bereits lange vor uns eine perfekte Bohrmaschine entwickelt.

❶ Mit ausgestreckter Legeröhre untersucht das Weibchen die Erdoberfläche.

❷ Die Röhre wird langsam in den Boden hineingeschoben.

❸ Wenn sie tief genug steckt, wird ein Ei abgelegt.

❹ Den Hinterleib anhebend, zieht das Weibchen die Röhre wieder heraus.

❺ Sie ändert die Richtung der Legeröhre und bohrt sie wieder in die Erde hinein.

❻ Sobald sie tief genug im Erdreich steckt, wird das nächste Ei abgelegt.

❼ Nach der Eiablage wird die Legeröhre gereinigt.

In der Erde abgelegte Eier.

Im Uhrzeigersinn

Die Nasenschrecke

Wenn man die langen Fühler der Nasenschrecke behutsam berührt, zucken sie und bleiben dann ruckartig stehen. Berührt man sie erneut, wiederholt sich der Vorgang, und die Fühler springen in eine andere Position.

Mittag

12.07 Uhr

9.15 Uhr

15.00 Uhr

1.37 Uhr

7.20 Uhr

In Reparatur!

9.00 Uhr

11.00 Uhr

Die Fühler der Nasenschrecke (Acrida turrita) *sind enorm beweglich und reagieren auf Berührung. Die Bedeutung dieses Verhaltens ist nicht bekannt.*

Fliegende Juwelen

Libellen im Sommer

Calopteryx cornelia

Die Gestalt einer fliegenden Libelle ist von filigraner Schönheit. Jede Begegnung mit diesen Geschöpfen begeistert mich stets aufs neue. Oft möchte ich mich in die Tage meiner Kindheit zurückversetzen, an denen ich mit einem Fangnetz bewaffnet die großen Libellen jagte. Es ist eine Kunst, Libellen zu fangen, da sie hervorragende Flieger sind.

FLUSS UND BERGBACH

Sieboldius albardae

Gomphus melaenops

Macromia amphigena

Epiophlebia superstes

Anotogaster sieboldii

Planaeschna milnei

Mnais strigata

SEEN IM GEBIRGE

Tanypteryx pryeri

Aeschna juncea

Anax nigrofasciatus

Somatochlora viridiaenea

In Japan leben ca. 180 Libellenarten, eine ungewöhnlich hohe Zahl. Ich wünsche mir, daß der Lebensraum der Libellen, die Feuchtgebiete, erhalten bleibt.

SEEN UND TEICHE DER EBENE

Copera annulata (♂ oben, ♀ unten)

Ictinius clavatus

Ischnura asiatica

Anax parthenophe julius

Aeschnophlebia longistigma

Cercion calamorum

Ceriagrion melanur. (♂ oben, ♀ unten)

Cercion sieboldii

Pseudothemis zonata

REISFELD UND BRACHLAND

Ceylonolestes gracilis

Gynacantha japonica

Lyriothemis pachygastra (♀)

Orthetrum triangulare melania (♂)

Orthetrum triangulare melania (♀)

Lyriothemis pachygastra (♂)

Orthetrum albistylum (junges ♂)

Orthetrum albistylum speciosum

Sympetrum parvueum

Lestes temporalis

Netzkunst am Wegrand

Spinnennetze – erstarrtes Verhalten

Webspinnen leben von Insekten. Ihre Netze bauen sie oft an Stellen, an denen viele Insekten leben, z. B. an Waldrändern, unter Brücken etc. Vor allem im Spätsommer und Herbst kann man die großen Netze der Radnetzspinnen, zu denen auch die Kreuzspinne *(Araneus diadematus)* gehört, sehen.

Haubennetzspinne *(Chrysso punctifera)*

Radnetzspinne *(Argiope amoena)*

Junge Radnetzspinne *(Argiope amoena)*

Junge Wespenspinne *(Argiope bruennichii)*

Kräuselradnetzspinne *(Uloborus variaus)*

Nephila clavata

Argiope bruenichii

Argiope aethera

Neoscona scylloides

Chrysso argyrodiformis

Chiracanthium japonicum

Tetragnatha praedonia

Araneus ejusmodi

Leucauge subgemmea

Cyclosa octotuberculata

Radnetzspinne *(Neoscona doenitzi)*

Radnetzspinne *(Cyclosa laticauda)*

Streckerspinne *(Leucauge magnifica)*

Radnetzspinne (im Blatt versteckt)

Radnetzspinne *(Araneus displicatus)*

Gewebe einer Haubennetzspinne

Cyclosa octotuberculata (auf Nahrungsresten)

Trichterspinne *(Agelena opulenta)*

Baldachinspinne in ihrem Fangnetz

Araneus ishisawai

Meta yunohamensis

Neoscona scylla

Theridion japonicum

Tetragnatha yesonensis

Araneus semilunaris

Theridion tepidariorum

Araneus lugubris

Neoscona scylla

Araneus ventricosus

Interessenkonflikte

Ein Holzschädling: Der Weißgestreifte Bockkäfer

Die Edelkastaniengärtner beteuern, daß es kein schädlicheres Insekt gibt als den Bockkäfer *(Batocera lineolata)*. Sie setzen natürlich alles daran, den Schädling auszurotten, doch meist ohne Erfolg. Vielleicht bin ich auch voreingenommen, aber das Gesicht dieses Insekts kommt mir tatsächlich verschroben und böse vor. Doch auch Insekten, die für uns schädlich sind, haben ihre Existenzberechtigung.

Edelkastanienplantage bei Makino.

❶ Ein frischgeschlüpfter Käfer bohrt sich aus einem Stamm heraus.

❷ Die vorderen Beine schiebt er gleichzeitig mit den langen Fühlern voran.

❸ Der Käfer hat das kreisrunde Loch verlassen.

Die erwachsenen Tiere ernähren sich von frischem Blattmaterial.

Das Weibchen beißt die Rinde kreisförmig ab, um dort die Eier abzulegen.

Die Larve frißt sich immer tiefer in den Stamm hinein. Die Abfälle werden aus dem Loch hinausgeworfen.

Indem sie das Loch ständig erweitert, macht sich die Larve im Laufe ihrer Entwicklung mehr und mehr im Innern des Stammes breit.

Drei Jahre nach dem Schlüpfen aus dem Ei verpuppt sich die Larve. Im Frühjahr des vierten Jahres verläßt dann das fertige Insekt den Stamm.

Fraßschäden an Edelkastanienbäumen.

Befallene Bäume können starken Windböen nicht mehr standhalten und müssen daher gefällt werden.

Nordlichter und Südländer

Regionale Unterschiede der Insektenfauna

Je nach geographischer Lage ist die Faunenzusammensetzung sehr unterschiedlich. Obwohl mein Beobachtungsgebiet nur klein ist, unterscheidet sich doch die Insektenfauna im nördlichen Teil von jener im Süden.

IM NORDEN

Zikade *(Oncotympana maculaticollis)* (im Gebirge)

Nipponodorcus rubrofemoratus (montan)

Papilio maackii tutanus (im Gebirge)

Bläulinge (im Gebirge)

Apollofalter (im Gebirge)

Zitronenfalter (in den Gipfelregionen)

Gastrolina depressa

IM SÜDEN

Cryptotympana jap. (im Süden häufig)

Serrognathus titanus pilifer (häufiger im Süden)

Dorcus curvidens hopei (im Tiefland)

Bläuling *(Narathura japonica)* (im Tiefland)

Weißling *(Eurema laeta bethesba)* (in der Ebene)

Diese Grille *(C. hibinouis)* breitet sich nach Norden aus.

Die Verbreitung der Insekten wird unter anderem durch Klimaunterschiede und die vorhandene Vegetation bestimmt.

Striptease unter Wasser
Ein Wasserskorpion häutet sich

Bei der Häutung steigt der Wasserskorpion *(Laccotrephes japonensis)* aus seiner alten Haut wie aus einem Anzug. Auch während der gesamten Häutung muß das Tier die Atemröhre über den Wasserspiegel halten, sonst läuft es Gefahr zu ersticken.

❶ 10.39: Er verhält sich still.

❷ 10.41: Ein Riß am Rücken.

❸ 10.43: Kopf und Thorax erscheinen.

❹ 10.45: Die Flügel werden sichtbar...

❺ 10.46: ...und entfalten sich.

❻ 10.57: Sie sind fast auseinandergefaltet.

❼ 10.48: Die Beine folgen nach.

❽ 10.53: Alle Beine sind befreit.

❾ 10.59: Sie werden schnell fester.

❿ 11.08: Die Tracheen werden herausgezogen.

⓫ 11.15: Der Körper ist vollständig befreit.

Meistertaucher

Wasser: Das Reich der Schwimmkäfer

Der stromlinienförmige Körper und die Schwimmhaare an den hinteren Beinen sind charakteristische Merkmale der Schwimmkäfer (Dytiscidae). Eine Reihe phantastischer Anpassungen an das Leben im Wasser befähigt sie zu ausgedehnten Tauchgängen.

Graphoderes adamsi

Rhantus pulverosus

Gaurodytes japonicus

Cybister brevis

Rhantus pulverosus

Hyphydrus eximinus

Hydaticus bowringi

Eretes sticticus

Hydaticus grammicus

Cybister japonicus hat eine Libellenlarve erbeutet.

Potamonectes hostilis

Manche Schwimmkäfer sind sehr empfindlich gegen Wasserverschmutzung. Cybister limbatus, *der am Biwasee lebt, ist schon fast vollständig verschwunden.*

Kuttenwechsel
Die Häutung der großen Gottesanbeterin

Die vorhergehenden Häutungen waren nötig, um der wachsenden Larve mehr Platz zu verschaffen. Doch dieses Mal wird das erwachsene, geflügelte Insekt schlüpfen, und mit diesen Flügeln wird sich sein Aktionsradius beträchtlich erweitern (s. Seite 175).

❶ 0.48: Wählt einen geeigneten Platz.

❷ 0.55: Die Rückenhaut reißt auf.

❸ 1.01 Uhr

❹ 1.02: Der Kopf erscheint.

❾ 1.10: Die vorderen Beine folgen.

❿ 1.11 Uhr

⓫ 1.12: Einklappen der Vorderbeine.

⓬ 1.14: Die Mittelbeine werden …

⓱ 2.02: … und dreht sich um.

⓲ 2.13: Die Vorderflügel …

⓳ 2.24: … werden entfaltet.

⓴ 2.36 Uhr

5 1.04 Uhr: Der Thorax folgt.

6 1.05 Uhr

7 1.06: Die Fühler werden …

8 1.08: … herausgezogen.

13 1.16: … herausgezogen und …

14 1.18: … in Position gebracht.

15 1.35: Der Körper erhärtet.

16 1.43: Sie hält sich fest …

21 2.41: Allmählich glätten sich …

22 2.59: … die hinteren Flügel.

23 3.09: Fast fertig.

24 4.30: Der Körper ist ausgefärbt.

Nächtliche Besucher
Insekten, die vom Licht angezogen werden

Bei Nacht bin ich oft von der Vielzahl der Insekten überwältigt, die von irgendwoher dem Licht zufliegen. Dieses großartige Schauspiel macht mir bewußt, wie ungeheuer vielfältig die Natur um mich herum doch ist.

Unzählige Insekten sammeln sich im Licht der Lampen.

Wenn das Fenster bei Nacht geöffnet ist, fliegen Insekten vom Licht angelockt hinein.

Macrocilix mysticata watsoni

Speiredonia helicina

Ourapteryx persica

Nadata cristata

Eumantispa harmandi

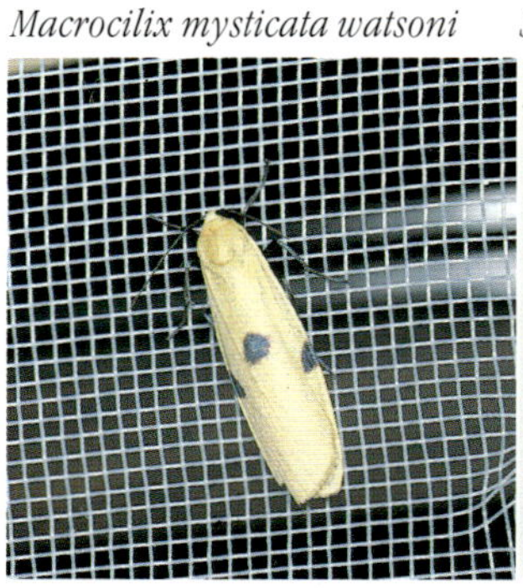

Lithosia quadra dives

Eilema japonica japonica

Rüsselkäfer *(Hylobius spec.)*

Hadjina biguttula

Culcula panterinaria

Palpita nigropunctalis

Rhyparioides nebulosus

Amathes efflorescens

Necrodes nigricornis

Marumba gaschkewitschii

Die Zahl der Insekten, die vom Licht angelockt werden, ist stark wetterabhängig. Günstig sind Nächte mit bedecktem Himmel.

Schwarzer Aaskäfer

Anomala octiescostata

Zünsler

Chalcosia remota

Syllepte luctuosalis zelleri

Protohermes grandis

Blatthornkäfer

Lygris convergenata

Falcaria curvatula acuta

Macalla amica

Anaplectoides vivens

Boarmia lunifera

Bena prasinana

Chasmindodes atrata

Spilarctia seriatopunctata

Bapta temerata

Amathes efflorescens

Hypsopygia regina

Cataprosopus monstrosus

Chrysopa nipponensis

Arichanna gaschkevitchii

Agylla gigantea

Catocala dula

Simplicia niphona

Schlupfwespe

Paragnetina tinctipennis

Plautia crossata

Anacanthocoris striicornis

Sympetrum frequens

Biston comitata

Eine Auswahl aus den ca. 4.000 Insekten, die sich von 20.00 Uhr bis 3.00 Uhr in meinem Zimmer sammelten (eine Hütte im Hiragebirge, 980 m ü. Meerespiegel).

Lebende Konserven
Jagende Grab- und Wegwespen

Charakteristisch für diese Wespen ist die schmale und bewegliche Taille. Sie erlaubt es ihnen, zielsicher die Beute zu treffen und mit dem Stachel ein lähmendes Gift zu injizieren.

Eine Sandwespe *(Ammophila sabulosa infesta*, hat eine Falterraupe erbeutet).

Wegwespe *(Episyron arrogans)* (eine Spinne)

Auplopus appendiculatus (eine Spinne)

Eine Grabwespe fängt eine Zikade.

Anoplius samariensis (eine Jagdspinne)

Odynerus quadrifasciatus (eine Nachtfalterraupe)

Stenodynerus frauenfeldi (eine Nachtfalterraupe)

Auplopus carbonarius transportiert eine Spinne.

Bembix nipponica schleppt eine erbeutete Fliege ins Nest.

Das Beutetier wird nur betäubt. So stirbt es nicht, sondern bleibt den Larven als frische Nahrung.

Altkleidersammlung

Abgestreifte Häute

Die abgeworfenen Exuvien der Insekten stellen reizvolle Sammelobjekte dar. Auch wenn man die ursprünglichen Besitzer der Häute so gut wie nie in der Nähe der Exuvien findet, verraten sie doch viel über die Anzahl der Insekten und die verschiedenen Arten in einem Gebiet.

Meimuna opalifera

Smaragdlibelle *(Somatochlora viridiaenea)*

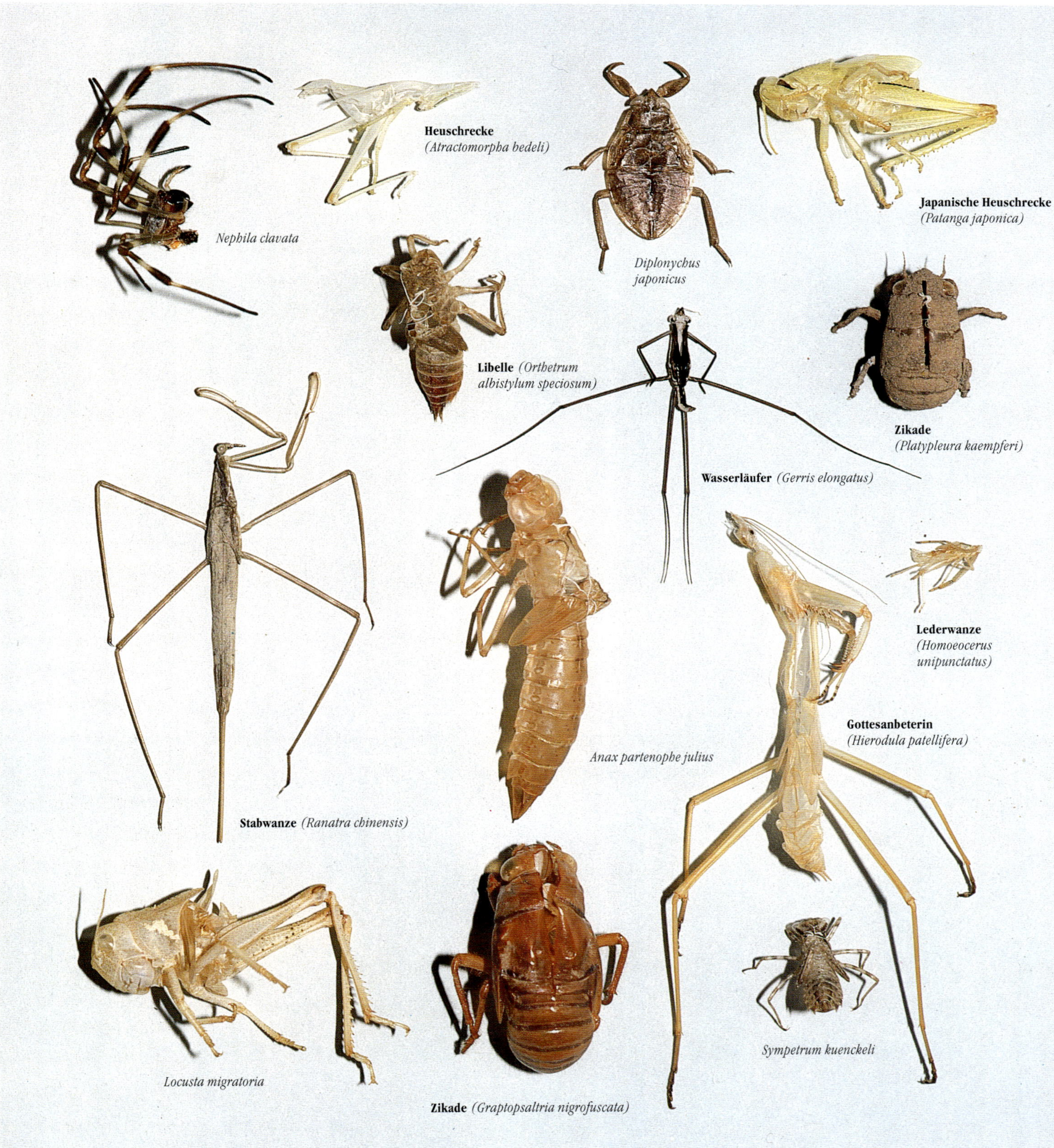

Der Fund einer Exuvie ist ein sicherer Beweis dafür, daß das betreffende Insekt an diesem Ort lebt. Anhand der Exuvie läßt sich die Art exakt bestimmen.

Eine Wiege aus Seide

Die Eiablage einer Radnetzspinne

Im Hinterleib einer Spinne befinden sich Drüsen, die das Spinnsekret aus Protein produzieren. Ein Faden mißt im Durchmesser nur wenige tausendstel Millimeter. Gebündelt besitzen sie die Widerstandsfähigkeit eines Nylonfadens, bei mehrfacher Elastizität.

❶ 0.12: Das Weibchen webt eine Unterlage für die Eiablage.

❷ 0.35: Während der Körper immer wieder die Richtung ändert, tritt ununterbrochen Spinnseide aus den Spinnwarzen aus.

❸ 1.23: Die Fäden kommen zuletzt im Bündel heraus.

❼ 1.50: Die Eier haften am Gewebe.

❽ 1.53: Immer mehr Eier werden abgelegt.

❾ 1.55: Der Hinterleib ist fest an die Unterlage gedrückt.

⓭ 2.08: Der Eiklumpen wird mit dem Körper etwas angedrückt.

⓮ 2.10: Die Spinne bedeckt die Eier mit Fäden.

⓯ 2.18: Die Eier werden nach und nach mit Spinnseide eingehüllt.

Das Fangnetz einer Radnetzspinne besteht aus klebrigen und nichtklebrigen Fäden. Das Netz wird fast täglich erneuert und dabei gefressen.

❹ 1.42: Die Unterlage, die wie ein Wattebett aussieht, ist fertig.

❺ 1.49: Die Eier werden abgelegt.

❻ 1.49: Die Eier werden gegen die Unterlage gedrückt.

❿ 1.57: Je mehr Eier abgelegt werden, desto deutlicher schrumpft der Hinterleib.

⓫ 2.01: Das Gebilde ähnelt nun einem kleinen Spiegelei.

⓬ 2.04: Die Eiablage ist beendet.

⓰ 2.25: Bald ist die gelbe Farbe der Eier nicht mehr zu erkennen.

⓱ 2.40: Das Gelege ist nun von den Fäden total bedeckt.

⓲ 5.00: Einige Zeit später verfärbt sich der Kokon grünlich.

Die Jungen schlüpfen im Herbst alle gleichzeitig. Sie bleiben noch einige Tage zusammen, doch dann gehen sie ihre eigenen Wege.

September

Erste Dekade:
Die Tage mit einer Temperatur über 30 Grad werden immer seltener. In der Luft liegt eine herbstliche Stimmung. Das Zirpen der Grillen und das Singen der Zikaden belebt die Nächte.

Zweite Dekade:
In der Nähe kleiner Gewässer kann man Gruppen fliegender Roter Herbstlibellen beobachten.

Dritte Dekade:
Die Temperaturen sinken rasch, so daß an manchen Tagen nur noch 15 Grad erreicht werden. Die Goldruten blühen auf, und die Halme des Chinagrases spiegeln das Herbstlicht wider.

Auch wenn sie sich immer versteckt halten, kündigt doch das Zirpen von ihrer Anwesenheit: die Grillen.

September
Tagesbeobachtungen

Stechwinde *(Smilax riparia)*

1 Die Paarung des Schwalbenschwanzes *(Papilio xuthus)* und die Eiablage des Schwärmers *Cephonodes hylas hylas* beobachtet; fliegende Ritterfalter *(Byasa alcinous)*; Rüsselkäfer *(Mesalcidodes trifidus)*, Zikaden *(Meimuna opalifera)* sowie viele Heuschrecken *(Atractomorpha bedeli)*.

Yomena-Aster

2 Libellen *(Orthetrum triangulare melania)* bei der Eiablage; schwarzrote Zikaden *(Graptopsaltria nigrofuscata)* zirpten immer noch; mehrere Dickkopffalter *(Paranara guttata)*, zahlreiche Sandlaufkäfer *(Cicindela japonica)* und zirpende Grillen *(Homoeogryllus japonicus)*.

Miscanthus sacchariflorus

3 Yeso-Zikaden machten durch Zirpen auf sich aufmerksam; eine schwarze Laubheuschrecke *(Conocephalus melas)* häutete sich zur Imago; Gelbflügelwespen *(Vespa xanthoptera)*, ein grünlicher Wasserkäfer *(Rhantus pulverosus)* sowie Spinner *(Antheraea yamamai yamamai)* gesehen.

Lespedeza bicolor

4 Teufelslibellen *(Anotogaster sieboldii)* bei der Paarung beobachtet; ein Gelege des Schwärmers *Cephonodes hylas hylas* gefunden; *Dichorragia nesimachus nestiotes* (Nymphalidae), Grille *(Teleogryllus yemma)*, Wespen *(Parapolybia varia)* sowie Kohlschnaken.

Desmodium oldhami (Früchte)

5 Die Blüten vom Chinagras *(Miscanthus sinensis)* öffneten sich; ein Würger *(Lanius bucephalus)* fing eine Gottesanbeterin; Raubspinnen *(Dolomedes pallitarsis)*, Raupen des Schwärmers *Theretra oldenlandiae*, aktive Laubheuschrecken *(Mecopoda nipponensis)* sowie viele *Geisha distinctissima*.

Nachtschatten

6 Brackwespen bei der Eiablage; zahlreiche Raupen von *Cnidocampa flavescens*; rege Bauchsammelbienen *(Megachile sculpturalis)*, auffallend viele *Hierodula patellifera*, eine große Rüsselkäferart *(Hyposipalus gigas)* sowie zahlreiche *Yphtima argus* (Nymphalidae). Bemerkenswert: eine Gottesanbeterin *(Hierodula patellifera)*.

Storchschnabel

7 Heuschrecken *(Atractomorpha bedeli)* häuteten sich zum erwachsenen Tier; Grillen *(Loxoblemmus doenitzi)* fielen auf, viele *Argyreus hyperbius* (Nymphalidae), schwarze Rosenkäfer *(Rhomborrhina polita)* sowie: rege Aktivitäten bei den Blauen Admiralen *(Kaniska canacae-no-japonicum)*.

Paederia scandens

8 Libellen *(Ceriagrion melanurum)*, viele Bläulingsraupen *(Curetis acuta paracuta)*, eine Libellenart *(Sympetrum baccha matutinum)*, Ritterfalter *(Papilio helenus nicconicolens)*. Springkraut *(Impatiens textori)* steht in voller Blüte.

Clerodendron trichotomum

9 Schlüpfen einer Gottesanbeterin beobachtet; Gelege von Blatthornkäfern *(Allomyrina dichotoma)* entdeckt; eine Wespenspinne *(Argiope bruenichii)*, viele Schwalbenschwänze *(Papilio machaon hippocrates)*, Bläulinge *(Everes argiades hellotia)* sowie lebhaft zirpende Grillen *(Oecanthus longicauda)*.

Kadsura japonica

10 Auffallende Nasenschrecken *(Acrida turrita)*, Faltenwespen *(Anterhynchium flavomarginatum micado)*, Ameisen *(Formica fusca japonica)*, die Paarung der Grillenart *Oecanthus longicauda* beobachtet, eine Torf-Mosaikjungfer *(Aeschna juncea)* und Stechmücken *(Aedes albopictus)*.

Adenophora triphylla

11 Eigelege von Ritterfaltern *(Papilio protenor demetrius)*; Zinnien *(Zinnia elegans)* in voller Blüte; Heuschrecken *(Patanga japonica)*, Raupen des Schwalbenschwanzes *(Papilio machaon hippocrates)*, eine Gottesanbeterin *(Paratenodera aridifolia)* sowie Grabwespen *(Sceliphron madraspantanum)*.

Amphicarpaea edgeworthii

12 Viele Exemplare der kleinen Grillenart *Pteronemobius fuscipes*, Rote Herbstlibellen *(Sympetrum frequens)*, zahlreiche Radnetzspinnenlarven *(Argiope amoena)*, lebhaftes Zirpen von *Dionynus marmoratus* und der Hibino-Grillen *(Calyptotrypus hibinonis)* sowie grüne Rosenkäfer *(Oxycetonia jucunda)*.

Schneeball

13 Schwärmerraupen *(Clanis bilineata tsingtavica)*, viele Schmetterlinge *(Argynnis paphia geisha)* (Nymphalidae), grüne Laubheuschrecken *(Holochlora japonica)*, Eulenfalter *(Catocala electa zalmunna)* und Bläulinge *(Lampides boeticus)*. Astern *(Aster tataricus)* blühten auf.

Zinie mit Laubfrosch

14 Ein Eigelege des Roten Admirals *(Vanessa indica)* gefunden, Wegwespen *(Anoplius samariensis)*, Bambus-Heuschrecken *(Conocephalus gladiatus)*, viele kleine Laubheuschrecken *(Metrioptera hime)*, Wegwespen *(Batozonellus annulatus)*. Die Blüten von *Lycoris radiata* (Amaryllisgewächse) fielen überall auf.

Dreiblättrige Akebie (Frucht)

15 Eine Laubheuschreckenart mit schwarzen Fühlern *(Phaneroptera nigroantennata)*; Schwalbenschwänze *(Papilio machaon hippocrates)*, Rotbrust-Ameisen *(Camponotus obscuripes)*, Faltenwespen *(Odynerus quadrifasciatus)* sowie Schwärmer *(Macroglossum pyrrhosticta)*. Die Schwalben sind verschwunden.

Dimasia truncata

16 Beobachtet: Gottesanbeterinnen *(Paratenodera aridifolia)*, Rote Herbstlibellen *(Sympetrum frequens)*, Dickkopffalter *(Pelopidas mathias oberthuri)*, Raupen vom Ritterfalter *(Papilio bianor dehaanii)*, Heuschrecken *(Patanga japonica)* und Grillen *(Ornebius kanetataki)*.

Windenknöterich

17 Kolbenwasserkäfer *(Hydrophilus acuminatus)*, Schwalbenschwanzpuppen *(Papilio machaon hippocrates)*, Gottesanbeterinnen *(Statilia maculata)* und eine Schabe *(Blattella nipponica)*.

Paspalum distichum

18 Rote Herbstlibellen *(Sympetrum frequens)* paarten sich; mehrere Puppen des Blauen Admirals *(Kaniska canace-no-japonicum)*, eine Gespenstschrecke, Maulwurfsgrillen *(Gryllotalpa africana)* und Nasenschrecken *(Acrida turrita)*.

Japanischer Salbei

19 Zum ersten Mal Kokons von *Cnidocampa flavescens* gefunden; rege Aktivitäten der Spinne *Heteropoda venatoria*; Larven von *Dichorragia nesimachus nestiotes*, Libellen beim Revierkampf beobachtet, eine Radnetzspinne *(Araneus ventricosus)* gesehen und das Zwitschern von Würgern *(Lanius bucephalus)* gehört.

Früchte des Ahorns

20 Kokons von Augenspinnern *(Rhodinia fugax fugax)*, Rote Libellen *(Sympetrum darwinianum)*, Taubenschwänzchen *(Macroglossum stellatarum)*, Spanner *(Gomafu edajaku)* und Schwärmer *(Thyris usitata)*.

Lattich *(Lactuca indica)*

21 Viele kleine Laubheuschrecken *(Metrioptera hime)*, Laufkäfer *(Chlaenius naeviger* und *Carabus yaconimus)* sowie Bläulinge *(Argyronome laodice)*. Ankunft der Saatgänse *(Anser fabalis)*.

Wilder Lauch

22 Kleine Wasserkäfer *(Laccobius bedeli)*, einen Laufkäfer *(Lebidia octoguttata)* und *Damora sagana liane* (Nymphalidae) gesehen.

Lycoris radiata

23 Viele Rote Herbstlibellen *(Sympetrum frequens)* am Teich beobachtet; eine Faltenwespe *(Eumenes decorata)*, Gluckenraupen *(Gastropacha quercifolia cerridifolia)*, Ritterfalter *(Papilio protenor demetrius)* und Spanner *(Ourapteryx niva)*. Der Duft von *Oleacea fragrans* schwebte in der Luft.

Spindelbaum

24 Sandlaufkäfer *(Cicindela japonica)*, Dolchwespen *(Scolia fascinata)* und Zikaden *(Diostrombus politus)*. Ein Schwarm Lachmöwen *(Larus ridibundus)* flog über den Feldern.

Schmuckkörbchen (Cosmea)

25 Ein Eigelege des Ritterfalters *(Papilio helenus nicconicolens)* gefunden, die Paarung von Bläulingen *(Zizeeria mahaargia)* beobachtet; Faltenwespen *(Eumenes fratercula)* und Schwarzenten *(Anas poecilorhyncha)*.

Eurya japonica

26 Wieder Rote Herbstlibellen *(Sympetrum frequens)* bei der Eiablage beobachtet; Lederwanzen *(Cletus rusticus)*, Faltenlibellen *(Macromia amphigena)*, Zikaden *(Euricania fascialis)* und Lycoris radiata standen in voller Blüte.

Japanische Hirse

27 Viele Rote Herbstlibellen *(Sympetrum frequens)*, *Argyronome ruslana lysippe* (Nymphalidae), Faltenwespen *(Odynerus quadrifasciatus)*, Sandwespen *(Ammophila sabulosa infesta)* und Zikaden *(Ricania japonica)*.

Melothria japonica

28 Beobachtet: eine Bläulingsart *(Zizeeria mahaargia)*, gefleckte Grillen *(Gryllodes aspersus)*, Marienkäfer *(Epilachna sparsa orientalis)*, Schmetterlinge *(Caduga sita nipponica)* und Wespen *(Vespa mandarina)*.

Nachtschatten

29 Eine Radnetzspinne *(Nephila clavata)*, Tagfalterraupen *(Hestina japonica)* (Nymphalidae), Wespen *(Vespa analis* und *Vespula vulgaris)*, Schwärmerraupen und viele aktive Honigbienen.

Vaccinium oldhami (Ericaceae)

30 Rosenkäfer *(Protaetia orientalis submarmorea)*, Schmetterlinge *(Mycalesis gotama fulginia)* (Nymphalidae) und eine Bauchsammelbiene *(Megachile japonica)*.

Lebensräume II

Insekten des Spätsommers

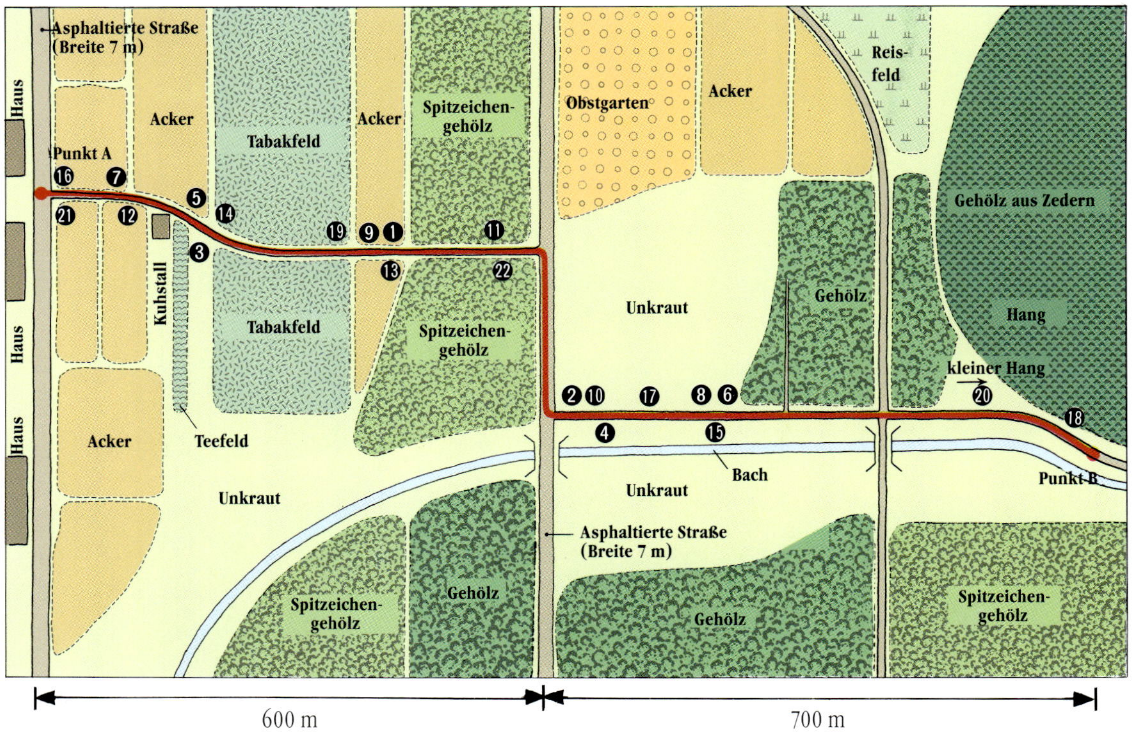

Wieder ging ich dieselbe Strecke wie bereits im Frühsommer. Viele Insekten haben sich inzwischen fortgepflanzt, neue Arten sind hinzugekommen, andere findet man nicht mehr. Es sind nur zwei Monate vergangen, aber man sieht doch viele Veränderungen.

Auf dem Foto sind alle Insektenarten abgebildet, die ich auf einem zweistündigen Spaziergang von Punkt A nach Punkt B am Straßenrand fand.

1. Roter Admiral *(Vanessa indica)*, **2.** *Ochlodes ochracea rikuschina*, **3.** Silberlibelle *(Orthetrum albistylum)*, **4.** Blattschneider-Heuschrecke *(Homorocoryphus nitidulus)*, **5.** Laubheuschrecke *(Gampsocleis buergeri)*, **6.** Bläuling *(Curetis acuta paracuta)*, **7.** Nasenschrecke *(Acridia turrita)*, **8.** Zikade *(Geisha distinctissima)*, **9.** *Eumenes mikado*, **10.** Sichelheuschrecke *(Phaneroptera falcata)*, **11.** Rosenkäfer *(Torynorrhina polita)*, **12.** *Bothrogonia japonica*, **13.** Gottesanbeterin *(Hierodula patellifera)*, **14.** Gottesanbeterin *(Paratenodera aridifolia)*, **15.** Zikade *(Orthopagus lunulifer)*, **16.** Radnetzspinne *(Argiope amoena)*, **17.** Wespenspinne *(Argiope bruennichii)*, **18.** Raubfliege *(Neoitamus angusticornis)*, **19.** *Graptopsaltria nigrofuscata*, **20.** Fleckenwidderchen, **21.** *Polygonia c-aureum*, **22.** Kleiner Hirschkäfer

Die regelmäßige Beobachtung von Insekten ist eine hervorragende Methode, um das zeitliche Auftreten über das Jahr hinweg exakt festzustellen.

Die innere Uhr
Auch Insekten schlafen

Tagaktive Insekten wählen, bevor es Nacht wird, ihre Schlafstätte und gehen immer um die gleiche Zeit zur Ruhe. Der biologische Rhythmus von Aktivitäts- und Ruhephasen ändert sich nie. Insekten müßen eine exakt gehende innere Uhr besitzen.

Mit dem Einbruch der Dunkelheit kommen die Wespenarbeiterinnen zum Nest zurück.

Der Schwalbenschwanz schläft mit zusammengefalteten Flügeln.

Den Kopf in die Zellen gesteckt: so schlafen die Wespen.

Papilio helenus nicconicolens schläft mit ausgebreiteten Flügeln.

Argyronome laodice (Nymphalidae) schläft auf den Blättern einer wilden Rose.

Während Sandwespen schlafen, verbeißen sie sich in einem Halm.

Zikaden schlafen genau in der gleichen Haltung, die sie auch am Tag einnehmen.

Leben auf Kosten anderer

Schmarotzende Hymenopteren

In unserem Sprachgebrauch hat der Begriff Schmarotzer eine negative Bedeutung. Aber für viele Insekten ist das Schmarotzertum eine Überlebensstrategie. Die Parasiten sind oft auf Insektengruppen oder Arten spezialisiert. Sie legen ihre Eier in den Wirt, dessen Körper den ausgeschlüpften Larven als Nahrung dient.

Wirtstiere

1. Blattschneiderbienen (Megachilidae), **2.** Bockkäferlarven *(Rhaphuma annularis)*, **3.** Schwalbenschwanzraupe *(Papilio xuthus)*, **4.** Faltenwespen *(Eumenes decorata)*, **5.** Blatthornkäferlarven, **6.** Larven von *Mimela splendens*, **7.** Blattschneiderbienen *(Megachile sculpturalis)*, **8.** Pelzbienen *(Anthophoridae)*, **9.** Langhornbienen *(Eucera difficilis)*, **10.** Larven von *Batocera lineolata* (Bockkäfer)

❶ *Leucospis japonica* (Leucospidae)

❷ Brackwespe *(Odontobracon bicolor)*

❸ *Pteromalus puparum*

❹ Goldwespe *(Stilbum cyanurum)*

❺ Dolchwespe *(Scolia fascinata)*

Brackwespenpuppe *(Apanteles glomeratus)* an einer toten Kohlweißlingsraupe.

❻ Dolchwespe

❼ *Euaspis basalis*

❽ Trauerbiene *(Thyreus decorus)*

❾ Wespenbiene *(Nomada japonica)*

❿ Brackwespe *(Eurobracon yokohamae)*

Die parasitierenden Wespenarten legen ihre Eier an oder in den Körper von lebenden Insekten ab.

Reise in die Sommerfrische
Die Rote Herbstlibelle

Rote Herbstlibellen *(Sympetrum frequens)* halten sich den Sommer über in den Bergen auf, um der Hitze der Ebene zu entgehen. Die Intensität ihrer Rotfärbung nimmt dort von Tag zu Tag zu. Nach der Paarung legen sie ihre Eier z. B. in gefluteten Reisfeldern ab.

Eier
Winterliche Reisfelder, November bis Februar

Reisfelder bei Nishiasai im Winter.

Schlüpfen
Reisfelder, Frühjahr März

Reisfelder im Frühling.

Junge Larve
April

Geflutete Reisfelder.

Spätes Larvenstadium
Reisfelder, frisch angepflanzt
Mai

Reisfelder zur Anbauzeit.

Schlüpfen der Libelle
Juni

Reisfeld im Frühsommer.

Wanderung in die Berge.
Juli

Berge von Shiga.

Sommer in den Bergen.
August

Spitze des Berges Ibuki.

Paarungsrad
September

Reisfelder zur Erntezeit.

Die optimale Temperatur für Rote Herbstlibellen liegt im Bereich um 20 Grad. Im Sommer weichen sie daher in die kühleren Höhenlagen aus.

Rot ist Trumpf
Rötliche und rote Libellen

Es gibt keine spezielle Art, die Rotlibelle heißt. Vielmehr handelt es sich bei der Rotfärbung um ein Merkmal, das verschiedenen Arten eigen ist.

Pantala flavescens

Sympetrum parvulum

Sympetrum pedemontanum

Sympetrum infuscatum

Sympetrum frequens

Sympetrum kunckeli

Sympetrum baccha

Sympetrum kunckeli

Nannophya pygmaea (Männchen)

Nannophya pygmaea (Weibchen)

Crocothemis servilia

C. servilia (noch nicht ausgewachsen)

Sympetrum darwinianum

Lyriothemis pachygastra

In Japan gibt es eine Vielzahl roter Libellen. Unterschieden werden sie vor allem anhand der Körperzeichnungen oder der Flügelfarben.

Grüne Wohnkultur

Der Nestbau der Raupe des Roten Admirals

Die Raupe von *Vanessa indica* baut ein Nest, indem sie den Rand eines Brennesselblattes mit Fäden, die aus der Speicheldrüse kommen, zusammenklebt. Das Blatt bildet so einen großen Raum, in dem sich die Raupe aufhält. Dieses einfache Nest bietet ihr alles, was sie zum Leben braucht: Sicherheit, gute Belüftung und Nahrung.

Am Straßenrand: Brennesselbestände und Nester der Raupen des Roten Admirals.

❶ Vom Blattgrund aus spinnt die Raupe beide Blatthälften mit Fäden zusammen.

❷ Werden die Fäden angezogen, rollt sich das Blatt rund zusammen.

❸ Die beiden Blattränder stoßen zusammen.

❹ Sie werden nach und nach zur Spitze hin verbunden.

❺ Das Blatt bildet eine Tasche, und man sieht die weißliche Blattunterseite.

❻ Das Nest ist fast fertig, die Raupe ist nicht mehr zu sehen.

Sobald die Raupe das Nest vollendet hat, frißt sie das Blatt auf. Wenn das Nest dadurch zu klein wird, wechselt sie zum nächsten Blatt und baut ein neues.

Nahrhafte Hinterlassenschaften

Insekten, die von Kot angezogen werden

Unter den Insekten gibt es eine ganze Reihe von Arten, die Kot fressen. Vor allem der Kot von Pflanzenfressern enthält noch sehr viel energiehaltiges Material, das von manchen Insekten als Nahrung genutzt werden kann (s. Seite 178).

Kuhweide

Nashornkäfer *(Copris ochus)* (bevorzugt Kuhmist)

Aphodius elegans (an Kuhmist)

Mistkäfer *(Geotrupes laevistriatus)*

Hololepta amurensis

Aphodius elegans

Geotrupes auratus

Onthophagus lenzii

Macroscytus japonensis

Bolbocerosoma nigroplagiatum

Copris acutidens (an Kuhmist und Rehkot)

Aphodius naraensis

Curetis acuta paracuta (Hundekot)

Papilio macilentus

Pelopidas mathias (an Vogelkot)

Im Gegensatz zu den Mistkäfern fressen Schmetterlinge den Kot nicht, sondern saugen die mineralienhaltige Flüssigkeit auf.

Zum Fressen ungern

Insekten, die sich als Vogelkot tarnen

Oft kann man Insekten finden, die auf den ersten Blick aussehen wie Vogelkot. Hierbei handelt es sich um eine geschickte Tarnung, da Vogelkot sehr häufig vorkommt und ein so gefärbtes Insekt nicht weiter auffällt. Vermutlich hat diese Art der Tarnung auch noch eine abschreckende Wirkung auf Freßfeinde.

Vogelkot (Länge 2 cm)

Cyrtarachne nagasakiensis

C. inaequalis

C. niger

C. bufo

Raupe des Schwalbenschwanzes *(Papilio xuthus)*

Rüsselkäfer *(Mescalcidodes trifidus)*

Spanner *(Calospilos miranda)*

Eulenraupe *(Plusiodonta casta)*

Gefährliches Design

Wespenimitatoren

Es ist kein Zufall, daß viele Insekten den Wespen ähneln. Die meisten dieser Imitatoren sind völlig harmlos, aber ihre schwarz und gelb gestreiften Körper haben dieselbe abschreckende Wirkung auf Freßfeinde wie die Wespen mit Giftstachel.

Anterhynchium flavomarginatum micado (eine Wespe, die als Modell dient)

Fleckenwidderchen

Sphyximorphoides pleuralis

Glasflügler *(Pasanthene pernix)*

Glossosphecia contamintata

Cyrtoclytus caproides

Trichocerota constricta

Vespa mandarina (Wespe, die als Modell für die Imitation dient)

Glasflügler *(Aegeria molybdoceps)*

Schwebfliege *(Spilomyia suzukii)*

Bremse *(Tabanus chrysurus)*

Glasflügler *(Bembecia contracta)*

Ein Räuber erinnert sich genau an Farbe und Form der Insekten, mit denen er einmal unangenehme Erfahrungen gemacht hat.

Schattenrisse
Silhouetten von Insekten

Eine junge Laubheuschrecke *(Gampsocleis buergeri)*

Die Bewegungen der Insekten werden besser sichtbar, wenn man ihre Schatten betrachtet. Die Gottesanbeterin *(Paratenodera angustipennis)* wirft ihren Schatten deutlich auf die Blattrückseite. Ebenso gut zeichnet sich die Silhouette der Blumenspinne ab, die sich in einer Blüte versteckt hält. Ein beeindruckendes Schauspiel!

Krabbenspinne *(Oxytate striatipes)*

Jagdspinne *(Dolomedes sulfureus)*

Wasserjungfer *(Mnais strigata)*

Gottesanbeterin *(Paratenodera angustipennis)*

Blatthornkäfer *(Popillia japonica)*

Große schwarze Ameise *(Camponotus japonicus)*

Töpfern im Kopfstand

Brutfürsorge bei Wespen

Zur artenreichen Gruppe der Wespen gehören auch die sozialen Wespen. Bei ihnen gründet eine Königin, die überwintert hat, das Nest und zieht die erste Arbeiterinnengeneration auf. Nun übernehmen diese die Beschaffung des Futters und die Nestpflege, die Königin beschränkt sich auf das Ablegen von Eiern. Männchen und neue Königinnen schlüpfen erst wieder im Spätsommer.

❶ Erster Tag: Die Wespe baut die erste Wabe.

❷ 6. Tag: Um die erste Wabe hat sie eine Hülle gebaut.

❸ 8. Tag: Aus der Halbkugel ist eine Kugel geworden.

❹ 10. Tag: Eine Eingangsröhre ist angelegt.

❺ 16. Tag: Das fertige Nest.

Die Königin legt ihre Eier in die ersten Waben und umgibt sie dann mit einem Gebilde, das einem dünnen Teeschälchen ähnelt und aus Cellulosefasern besteht. Wenn die Zellen zahlreicher und die Larven größer werden, erweitert sie das Gefäß. Das Nest wird im Laufe der Zeit immer größer und kugelförmiger.

Das Wespennest im Sommer.

Das Sekret der Wespenlarven ist ein sehr nahrhafter Stoff und eine wichtige Nahrungsquelle für die erwachsenen Wespen, die im Nest arbeiten.

Eine Arbeiterwespe *(Vespa tropica)* kneift eine Larve und reizt sie, damit sie einen Futtertropfen hervorwürgt.

Vor der Verpuppung spinnt die Larve einen Kokon.

Vespa tropica füttert die Larven und erhält das nahrhafte Sekret.

Ein Wespenmännchen schlüpft aus seinem Puppenkokon.

NAHRUNGSQUELLEN DER WESPEN

Blütennektar von Knöterich.

Pflanzensaft der Spitzeiche *(Quercus acutissima)* wird auch gerne genommen.

Leckt an einer Kakifrucht.

Greift eine Zikade an, die in einem Spinnennetz zappelt.

Wespen ernähren sich von Blütennektar und Pflanzensäften. Um Futter für die fleischfressenden Larven herbeizuschaffen, jagen sie aber auch andere Insekten.

Falsche Frömmigkeit

Die Beutefangmethode der Gottesanbeterin

Gottesanbeterinnen sind faszinierende Tiere, nicht zuletzt deshalb, weil sie unseren Bewegungen mit dem Kopf folgen können. Lange bevor wir sie zu Gesicht bekommen, haben sie uns schon erspäht. Sobald sie eine Beute in erreichbarer Nähe sehen, nehmen sie ihre Chance wahr und schlagen blitzschnell mit den Fangbeinen zu.

Augen tagsüber.

Augen bei Dunkelheit.

Die Grille wird mit den Fangbeinen niedergehalten. Mit den beiden großen Augen können Gottesanbeterinnen die Entfernung bis zum Beutetier exakt abschätzen.

Hier frißt sie eine Nasenschrecke. Gottesanbeterinnen nehmen nur Beute wahr, die sich bewegt.

Gottesanbeterinnen kommen in den gemäßigten Breiten, aber vor allem in den Tropen vor. In Mitteleuropa sind sie nur in warmen Gebieten durch eine Art *(Mantis religiosa)* vertreten.

❶ Sie hat eine Beute entdeckt.

❷ Es ist ein Roter Admiral, der an einer Kakifrucht saugt.

❸ Vorsichtig nähert sie sich.

❹ Wenn die Entfernung stimmt, fängt sie die Beute und beißt sofort zu.

❺ Mit den Fangbeinen hat sie die Beute fest eingeklemmt und frißt sie auf.

❻ Bei Schmetterlingen werden die Flügel nicht mitgefressen.

❼ Die Mahlzeit ist beendet.

❽ Die mit Schmetterlingsschuppen verschmutzten Fangbeine werden wieder geputzt.

Gottesanbeterinnen können ihre Beute nur sehen, wenn sie sich bewegt. Im Fall des Roten Admirals erregte der lebhaft tupfende Rüssel ihre Aufmerksamkeit.

„Mutter"-Erde

Die Eiablage der Wanderheuschrecke

Die ganze Aufmerksamkeit des Weibchens ist bei der Eiablage auf die Hinterleibsspitze gerichtet. Die Eier werden in die Erde abgelegt und in ein schaumiges Sekret gehüllt.

Mit der Hinterleibsspitze sondiert sie die Erdoberfläche.

Sie steckt den Leib tief in die Erde hinein.

Mit der harten Kralle an der Hinterleibsspitze kann das Weibchen Erde wegschaffen und in den Boden eindringen.

❶ Die Eier werden 5 – 6 cm unter der Erde abgelegt und mit schaumigem Sekret umhüllt.

❷ Wenn die Eiablage beendet ist, zieht sich der Leib langsam zurück, wobei sie weiter Sekret abgibt.

❸ Der Hohlraum im Boden ist mit Sekret gefüllt, der Leib wird herausgezogen und die Stelle zugedeckt.

Wenn der Herbst kommt, sucht die Wanderheuschrecke eine Stelle, an der keine Pflanzen wachsen. Dort legt sie an schönen Tagen ihre Eier ab.

Herbstmode

Farbvariationen einer Heuschrecke

Dezent, aber individuell, so ist die Färbung der Heuschrecke *Acrydium japonicum*. Bei genauer Betrachtung der kleinen Tiere ist man über die Vielfältigkeit der verschiedenen Zeichnungen erstaunt.

Wenn man bedenkt, daß z. B. Vögel die Gewohnheit haben, immer auf gleich gemusterte Tiere Jagd zu machen, wird klar, daß die Variationsbreite der Körperzeichnung bei dieser Heuschrecke sehr wahrscheinlich dem Schutz vor dem Gefressenwerden dient.

Oktober

Erste Dekade:
An vielen Tagen sinkt die Temperatur bereits unter 15 Grad. Die Luftfeuchtigkeit nimmt ebenfalls ab, nur noch selten steigt sie über 70 %.

Zweite Dekade:
Der Rote Admiral und ein gelber Tagfalter besuchen noch die letzten Asternblüten. Herbststimmung liegt über der Landschaft.

Dritte Dekade:
Die Temperatur steigt im Tagesdurchschnitt nicht mehr über 20 Grad, nachts kann sie sogar unter 10 Grad absinken. Die Zahl der Insekten nimmt drastisch ab, und die Laubfärbung nimmt an Intensität zu. Gluckenfalter fliegen an der Böschung, der Herbst neigt sich seinem Ende zu.

In den Schimmer des klaren Herbstlichts getaucht, wartet die Gottesanbeterin auf ihre Beute.

Oktober
Tagesbeobachtungen

Junge Laubheuschrecke

1 Faltenwespen *(Eumenes mikado)*, die Paarung von *Methoca japonica* beobachtet, eine Radnetzspinne *(Cyrtarachne bufo)* in ihrem Netz, Marienkäfer *(Illeis koebelei)* und einige Marmorheuschrecken *(Gastrimargus marmoratus) beobachtet.*

Röhrling

2 Hopfen *(Humulus japonicus)* stand in voller Blüte; einige braune Libellen *(Sympetrum infuscatum)* am Teich gesehen; auffallend viele Sichelschrecken *(Phaneroptera falcata)* und Wasserläufer *(Metrocoris spec.)*, Raupen des Distelfalters *(Vanessa cardui)* sowie Rückenschwimmer.

Kokon eines Nachtpfauenauges

3 Am See viele Schwimmkäfer *(Hydaticus grammicus* und *Cybister brevis)* gefunden; eine große Schildwanze *(Eucorysses grandis)*, Kokons von Schildmotten *(Cnidocampa flavescens)* sowie lebhafte Gottesanbeterinnen *(Statilia maculata)*.

Laubwald

4 Überall war das lebhaftes Zirpen der Yeso-Zikaden zu hören; eine Marienkäferart mit kreisförmigen Punkten und die Puppe eines Schwalbenschwanzes *(Papilio xuthus)* gefunden; Skorpionsfliegen *(Panorpa japonica)*, Gottesanbeterinnen *(Paratenodera aridifolia)* sowie eine Knöterichart *(Polygonum longisetum)*.

Neolitsea sericea

5 Stachelameisen *(Polyrachis lamellidens)*, eine Puppe des Ritterfalters *(Papilio helenus)* an einem Holzstapel, Teichjungfern *(Lestes temporalis)*, viele Marmorzikaden *(Gastrimargus marmoratus)* und ein hübscher Marienkäfer mit sechs Punkten.

Kadsura japonica

6 Auffallend viele Schwalbenschwänze *(Papilio machaon hippocrates)*, eine Stabwasserwanze *(Ranatra unicolor)*, Mistkäfer *(Geotrupes auratus)* und ein kleiner schwarzer Wasserkäfer *(Sternolophus rufipes)*.

Cayratia japonica

7 Das Gelege einer Gottesanbeterin *(Paratenodera aridifolia)* im Gebüsch entdeckt, viele Libellenlarven *(Macromia amphigena)* und Zikaden *(Bothrogonica japonica)*, Hummeln *(Bombus diversus)* sowie eine kleine Gottesanbeterin *(Acromanis japonica)*.

Calostoma japonicum

8 Einige Schmetterlinge: Distelfalter *(Vanessa cardui)*, Weißlinge *(Pieris melete)*, *Argyreus hyperbius* (Nymphalidae) und *Narathura japonica* sowie mehrere Zikaden *(Parapodisma mikado)*.

Kokkelstrauch

9 Die Blüten der Goldrute *(Solidago altissima)* und der Tartarenaster *(Aster tataricus)* öffneten sich; viele Wespen *(Parapolybia varia)* und Tagfalter *(Polygonia c-aureum)*.

Eiche *(Quercus glauca)*

10 Einen Ameisenlöwen *(Hagenomyia micans)* in seinem Sandtrichter beobachtet; Stabwanzen *(Ranatra chinensis)*, viele Wanderheuschrecken *(Locusta migratoria)* und Widderchen *(Elcysma westwoodii)*.

Lattich und ein Kohlweißling

11 Zahlreiche Blaue Admirale *(Kaniska canace no-japonicum)*, das Gelege der Wespenspinne *(Argiope bruennichii)* entdeckt, ein Roter Admiral *(Vanessa indica)*, Grillen *(Teleogryllus yemma)* und Zikaden *(Bothrogonia japonica)*.

Euscaphis japonica

12 Prachtlibellenlarven *(Mnais strigata)*, Wasserskorpione *(Laccotrephes japonensis)*, viele Zikaden *(Tettigella viridis)*, Marienkäfer, eine Blatthornkäferlarve *(Allomyrina dichotoma)* und Eulenfalter *(Blenina senex)*.

Aster

13 Eine Gottesanbeterin *(Statilia maculata)* beobachtet, mehrere Spanner, Schildläuse und Schmeißfliegen gesehen; vereinzelt das Zirpen von Grillen *(Paratriogonidium bifasciatum)* gehört.

Pantherpilz

14 Marienkäfer *(Rodolia cardinalis)*, rege schwarze Holzameisen *(Lasius fuliginosus)*; Raubwanzen *(Velinus nodipes)* und Wanzen *(Sastragala esakii)*. Die Blüten von *Aster ageratoides* öffneten sich.

Lycoris radiata (Früchte)

15 Kugelasseln *(Armadillidium vulgare)*, *Argyreus hyperbius* (Nymphalidae), Marienkäfer *(Ailocaria mirabilis* und *Epilachna admirabilis)*, Grillen und einen Schwarm Wildenten *(Anas poecilorhyncha)* am See beobachtet.

Stechwinde

16 Eine Radnetzspinne *(Nephila clavata)* machte fette Beute; viele aufdringliche Wespen *(Vespula lewisi)*, ansonsten noch Erzwespen *(Pteromalus puparum)* und Schnellkäfer *(Alaus berus)*.

Lycogala epidendron

17 Hibino-Grillen *(Calyptotrypus hibinonis)* zirpten; auch die Zikaden *(Meimuna opalifera)* waren noch zu hören, einen Marienkäfer mit vier Punkten *(Harmonia axyridis)* gesehen, die Paarung von Teichjungfern *(Lestes temporalis)* beobachtet und ein Knöterich *(Polygonum thunbergii)* in voller Blüte.

Pennisetum alopecuroides

18 Feuerfalter *(Lycaena phlaeas daimio)*, eine Gottesanbeterin *(Paratenodera aridifolia)*, viele Marienkäfer *(Cryptogonus orbiculus)*, ein Roter Admiral *(Vanessa indica)* und Skorpionsfliegen.

Callicarpa dichotoma

19 Einige Ritterfalter *(Papilio bianor dehaanii)*, Heuschrecken *(Oxyga japonica)*, Marienkäfer *(Rodolia cardinalis)*, Widderchen *(Elcysma westwoodii w.)* und Laufkäfer *(Damaster blaptoides)*.

Safranpilz

20 Goldwespen *(Stilbum cyanurum)*, Perlmutterfalter *(Argyronome ruslana lysippe)*, vereinzelte Grillen *(Oecanthus longicauda)*, Marienkäfer *(Chilocorus kuwanae)* und ein kleiner Kohlweißling *(Pieris rapae crucivora)*. Wilde Schwäne flogen über den See.

Salomonssiegel

21 Zahlreiche Rote Herbstlibellen *(Sympetrum frequens)*, Schwebfliegen *(Sphaerophoria menthastri* und *Eristalomiya tenax)*, die Larve eines Rosenkäfers *(Cetonia roelofsi)* und Marienkäfer *(Epilachna admirabilis)*. Der Berg Ibuki war mit weißem Reif bedeckt.

Nidularia spec.

22 Viele Gelege der Gottesanbeterin *(Paratenodera aridifolia)* gefunden, *Vanessa indica*, ein Augenspinner *(Caligula boisduvali)*, viele Heuschrecken *(Patanga japonica)* und flatternde Distelfalter *(Vanessa cardui)*. Die Blüten der Aralien öffneten sich.

Abelia spathulata

23 Viele große Laubheuschrecken *(Ducetia japonica)*, die Puppe eines Bläulings *(Curetis acuta paracuta)*, emsige Ernteameisen *(Messor aciculatum)* und das Nest einer Wespe *(Vespa analis)* entdeckt.

Hirse

24 Viele Heuschrecken *(Acrydium japonicum)*, eine Nasenschrecke *(Acrida turrita)*, ein Blauer Admiral *(Kanisaka canace no-japonicum)*, lebhafte Windenschwärmer *(Herse convolvuli)* und eine Skorpionsfliege.

Amanita longistriata

25 Eine gefleckte Gottesanbeterin *(Statilia maculata)*, Schwebfliegen *(Eristalomiya tenax)* und Schwärmer *(Macroglossum pyrrhosticta)*.

Jasmin

26 Eine Marienkäferart mit vier Punkten *(Harmonia axyridis)*, viele aktive Teichjungfern *(Ceylonolestes gracilis peregrinus)*, Laubheuschrecken *(Euconocephalus thunbergi)* und Spanner.

Baumpilze

27 Erneut Marienkäfer *(Harmonia axyridis)* gefunden, Kokons von *Cnidocampa flavescens* und eine Schildwanze *(Halyomorpha brevis)*. Die Blätter des Ginkgo-Baums *(Ginkgo biloba)* verfärbten sich gelb.

Lepiota procera

28 Kokons des Augenspinners *(Dictyoploca japonica)* gefunden; eine Gottesanbeterin *(Paratenodera aridifolia)*, große Laubheuschrecken *(Mecapoda nipponensis)*, Augenspinner *(Rhodinia fugax fugax)* sowie *Eristalomiya tenax*.

Spitzklette

29 Fliegende Feuerfalter *(Lycaena phlaeas daimio)*, eine Wegwespe *(Anoplius samariensis)*, Tagfalter *(Polygonia c-aureum)* und Nasenschrecken *(Acrida turrita)*.

Wilder Wein *(Vitis coignetiae)*

30 Eine Sichel-Heuschrecke *(Phaneroptera falcata)*, Laubheuschrecken *(Mecopoda nipponensis* und *Hexacentrus japonicus)*, ein Gelbling *(Eurema hecabe mandarina)* und Chinawespen *(Polistes jadwigae)*. Die Krötenlilie *(Tricyrtis hirta)* blühte.

Symplocos chinensis

31 Eine Dolchwespe *(Campsomeris schulthessi)*, Raubwanzen *(Isyndus obscurus)*, Wespen *(Polistes chinensis)*, ein kleiner Kohlweißling *(Pieris rapae crucivora)*, mehrere Mistkäfer *(Geotrupes laevistriatus)* und umherfliegende rote Sommerlibellen *(Sympetrum darwinianum)*.

Gesundheitspolizisten

Ameisen vergraben ihre Beute

Große Nahrungsstücke, die sie nicht in ihr Nest transportieren können, verstecken die Ameisen unter der Erde. Somit verbergen sie sie vor Nahrungskonkurrenten. Erst nachdem sie ihre Beute sichergestellt haben, wird sie gefressen. Die Beobachtung des hochinteressanten Verhaltens der Ameisen ist eine lohnende Beschäftigung, und man wird immer neue Entdeckungen machen.

Eine Roßameise *(Camponotus obscuripes)* hat Beute gemacht, doch diese kann sie noch alleine bewältigen.

Ameisen scharen sich um einen toten Regenwurm.

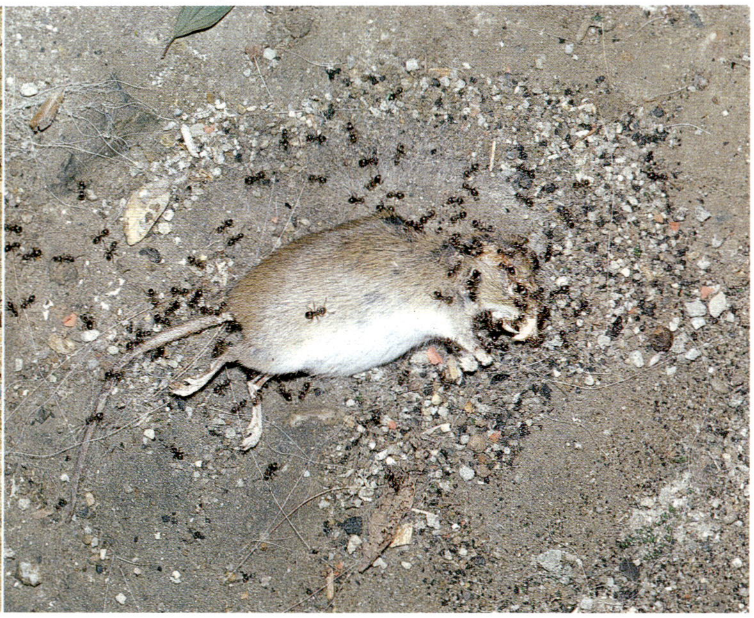

Ameisen am Kadaver einer toten Maus.

AMEISEN BEI DER ARBEIT

❶ Ein Bonbon ist auf die Erde gefallen.

❷ Nach 6 Std.: Mit Erdkrümeln umbaut.

❸ 12 Std.: Es verschwindet zusehends.

❹ 20 Std.: Fast verschwunden.

❺ Nach 22 Std.: Es ist völlig bedeckt.

❻ Nach 27 Std.: Unter der Erde ...

❼ 34 Std.: ... geht die Arbeit weiter.

❽ 40 Std.: Keine Spur mehr zu sehen.

Arbeitsteilung ist ein typisches Merkmal sozialer Insekten, die in einem Staat leben.

Eine Schaumschlägerin

Die Eiablage der Gottesanbeterin

Kopfunter hängend gibt das Weibchen der Gottesanbeterin ein Drüsensekret ab, in welches sie mit speziellen Anhängen des Hinterleibs Luft einschlägt. In diesen erhärtenden Schaum legt sie dann ihre Eier ab. Das Gelege wird anschließend sich selbst überlassen.

❶ 13.30: Die Eiablagestelle steht fest.

❷ 13.47: Beginn der Sekretabgabe.

❸ 14.00: Pausenlos entsteht Schaum.

❹ 14.15: Die Eiablage beginnt.

❺ 14.30: Sie produziert weiter Schaum.

❻ 14.45: Das Gelege vergrößert sich.

❼ 15.00 Uhr

❽ 15.15 Uhr

❾ 15.45 Uhr

❿ 16.00: Das Gelege ist fertig.

⓫ 16.15: Schaumschlagen beendet.

⓬ 16.35: Sie verläßt das Gelege.

Reichgedeckter Tisch
Viele Insekten schätzen süße Früchte

Insekten, die im Sommer Pflanzensäfte trinken, versammeln sich im Herbst gerne an den gereiften Früchten. Bauerngärten und Obstwiesen werden so zu wahren Insektenparadiesen.

KAKIFRÜCHTE

Der Blaue Admiral *(Kaniska canace-no japonicum)*

Skorpionsfliege *(Panorpa japonica)*

Schwarze Ameisen *(Formica fusca japonica)*

Lethe sicelis (Nymphalidae)

Raubwanzenlarve *(Agriosphodrus dohrni)*

Tagfalter *(Polygonia c-aureum)*

FEIGEN

Rosenkäfer *(Protaetia orientalis submarmorea)*

Wespe *(Vespa xanthoptera)*

Wespe *(Polistes jadwigae)*

Kleiner Schillerfalter *(Apatura ilia substituta)*

Bläuling und *Polygonia c-aureum*

Laubheuschrecke

Pilze für Spezialisten

Pilze können nur von spezialisierten Insekten gefressen werden

Wenn man im Wald einen Pilz entdeckt, lohnt es sich, einmal seine Unterseite genauer zu betrachten. Dort halten sich häufig kleine Käfer auf, die sich aber sofort auf den Boden fallen lassen – wenn man nicht vorsichtig genug ist. Diese Käfer haben sich auf Pilznahrung spezialisiert.

Täubling *(Russula spec.)*

Coriolus versicolor auf verfaultem Holz.

Rüsselkäfer an einem Baumpilz.

Schwarzkäfer *(Platydema sylvestre)* an den Lamellen eines Pilzes.

Pilzkäfer *(Mycetina amabilis)* (Pilze an abgestorbenen Bäumen)

Schwarzkäfer *(Uloma bonzica)* (fressen verfaultes Holz und Pilze)

Kurzflügelkäfer *(Oxyporus basicornis)*

Schwammkäfer *(Neotrioplax lewisi)* (an verschiedenen Pilzarten)

Es gibt weit mehr Insekten die Pilze fressen, als allgemein angenommen wird. Allein aus der Familie der Schwammkäfer leben über 100 Arten in Japan.

Nachtkonzert

Heuschrecken, die bei Nacht singen

Heuschrecken und Grillen verraten ihre Anwesenheit oft durch ihren Gesang. Dieses Zirpen dient Artgenossen als Erkennungsmerkmal und somit der Partnerfindung. Für uns ein zauberhaftes Konzert, für die Insekten ein Wechselspiel zwischen Signalsender und Signalempfänger (s. Seite 183).

Glöckchengrille *(Homoeogryllus japonica)* (Männchen rechts, Weibchen links)

Kleine Laubheuschrecke

China-Laubheuschrecke

Grille *(Oecanthus longicauda)*

Grille *(Loxoblemmus doenitzi)*

Sichelschrecke *(Phaneroptera nigroantennata)*

Grille *(Euscirtus japonicus)*

Grille *(Ornebius kanetataki)*

Bambusheuschrecke

Zebragrille *(Pteronemobius fuscipes)*

Grille *(Gryllodes aspersus)*

Teleogryllus yemma (♂ links, ♀ rechts) schlüpfen in das gleiche Nestloch.

Grüne japanische Laubheuschrecke

Ducetia japonica (brauner Typ, Weibchen)

Laubheuschrecke *(Concephalus melas)*

Hexacentrus japonicus

Laubheuschrecke *(Mecopoda nipponensis)*

Laubheuschrecke *(Tettigonia orientalis)*

Hibino-Grille *(Calyptotrypus hibinonis)*

Teleogryllus yemma (Männchen links, Weibchen rechts)

Laubheuschrecke *(Anisotima japonica)*

Feldheuschrecke *(Mongolotettix jap.)*

Laubheuschrecke

Yeso-Laubheuschrecke

Ducetia japonica (Männchen)

D. japonica (Weibchen, grüne Form)

Laubheuschrecke *(Pseudorhyncus jap.)*

Maulwurfsgrille *(Gryllotalpa africana)*

Gryllacris japonica

Nippancistroger testaceus

Diestrammena japonica

Ungebetene Gäste
Insekten in der Wohnung

Menschliche Behausungen bieten mit ihren Vorräten und dem Schutz vor der Witterung ideale Lebensbedingungen für viele Insekten. Jeder hat sicher schon einmal Erfahrungen mit diesen ungebetenen Gästen gemacht.

NÜTZLINGE

Die Springspinne fängt die uns lästigen Fliegen weg.

Laufspinnen ernähren sich auch von Kakerlaken.

SCHÄD-LINGE

Die Schabe *(Periplaneta fuliginosa)* ist ein häufiger Gast in Küchen.

Callosobruchus auf roten Bohnen.

Die weißen Punkte sind die Eier.

Ein Reisschädling: *Sitophilus zeamis.*

Die Larve des Reiskäfers.

Anthrenus verbasci frißt Stoff.

Larve von *Anthrenus verbasci.*

Tenebrio molitor (frißt Vorräte) und seine Larven, die Mehlwürmer.

BLUTSAUGER

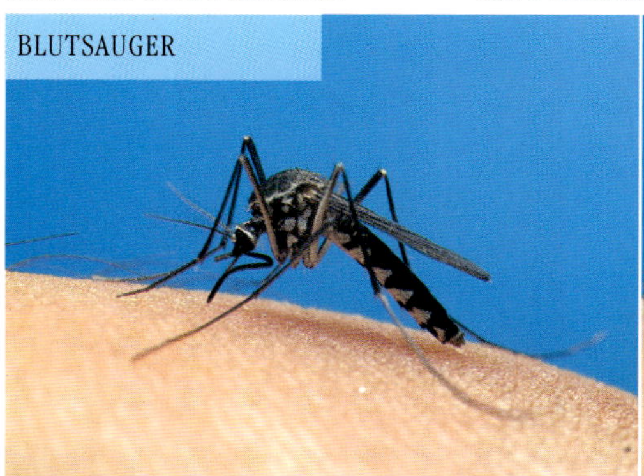
❶ Eine Mücke sticht die Haut an.

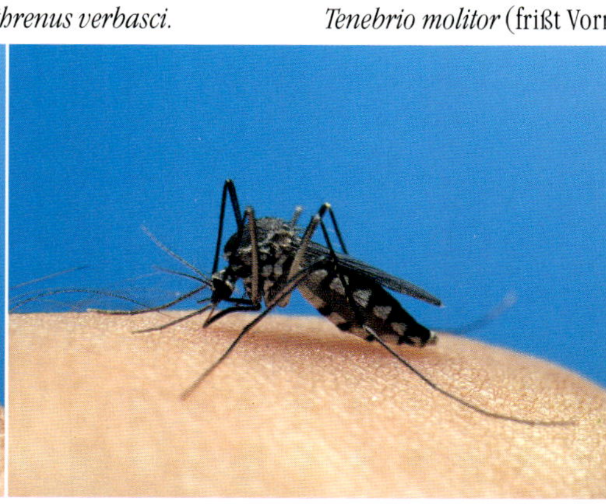
❷ Der Leib wird zusehends dicker …

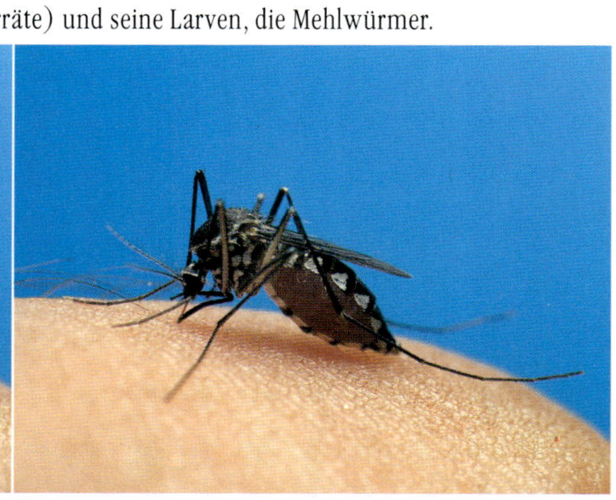
❸ … bis er mit Blut gefüllt ist.

Demontage im Team

Roßameisen zerlegen eine Nasenschrecke

Große Beutetiere werden von den Roßameisen gemeinsam auseinandergenommen und anschließend abtransportiert. Es ist bewundernswert, mit welcher Präzision dies geschieht und wie die komplizierte Arbeit koordiniert wird.

❶ 11.20: Eine Ameise findet eine Nasenschrecke.

❷ 11.45: Eine zweite stößt hinzu.

❸ 12.05: Die dritte.

❹ 12.10: Die vierte.

❺ 12.18: Die fünfte.

❻ 12.30: Eine Gruppe hat sich versammelt.

❼ 14.05: Ein Teil ist schon abtransportiert.

❽ 14.48: Der Kopf ist abgetrennt.

❾ 15.55: Die Flügel werden abgebissen.

❿ 16.25: Thorax und die letzten Teile …

⓫ 16.50: … sind beseitigt.

⓬ 16.51: Die hinteren Beine werden weggeschafft.

Durch Sekrete können Ameisen sich verständigen. Diese „Duftsprache" wird z. B. zum Erkennen der Nestgenossen oder zum Heimfinden in das Nest eingesetzt.

Das Ei des Columbus
Formenvielfalt im Kleinen

Insekteneier überraschen durch eine große Formenvielfalt. Es gibt sie in unzähligen Variationen, Formen und Gestalten. Unsere landläufige Vorstellung vom Ei hat in der Welt der Insekten keine Geltung (s. Seite 170).

Raubfliege *(Promachus yesonicus)* bei der Eiablage.

Siebenpunkt-Marienkäfer bei der Eiablage.

Schwärmer *(Cephonodes hylas)*

Riesenwasserwanze

Blatthornkäfer

Marienkäfer *(Harmonia axyridis)*

Stabwanze *(Ranatra chinensis)*

Bläuling

Sasakia charonda

Weißling *(Anthocharis scolymus)*

Mecopoda nipponensis

Kleiner Eisvogel

Vanessa indica

Wasserskorpion

Goldauge *(Chrysopa nipponensis)*

Spinne (nicht bestimmbar)

Bläuling *(Antigus attilia)*

Die Eier jeder einzelnen Art zeichnen sich durch ihre eigene und nur für sie charakteristische Form aus.

Faltenwespe *(Eumenes decorata)*

Augenspinner

Augenspinner

Kleiner Kohlweißling

Blattkäfer

Augenspinner *(Actias artemis)*

Zebraspinne

Wasserläufer

Schwebfliegen

Roßameise *(Camponotus jap.)*

Bläuling

Schildwanze

Riesenwasserwanze

Bläuling *(Iratsume orsedice)*

Bläuling *(Chrysozephyrus ataxus)*

Schwammspinner

Blattschneiderbiene

Schwalbenschwanz

Wanderheuschrecke

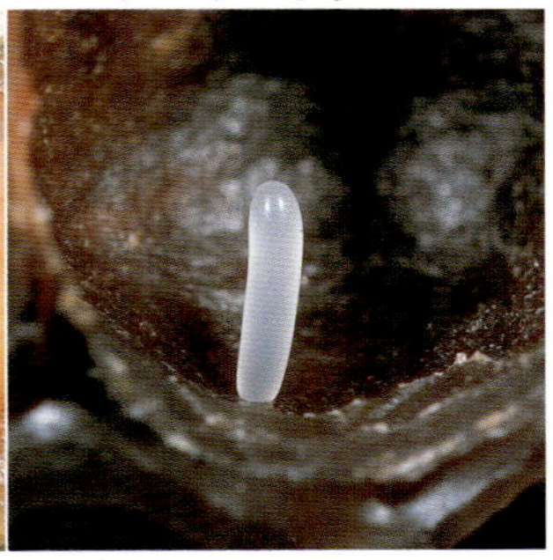
Honigbiene

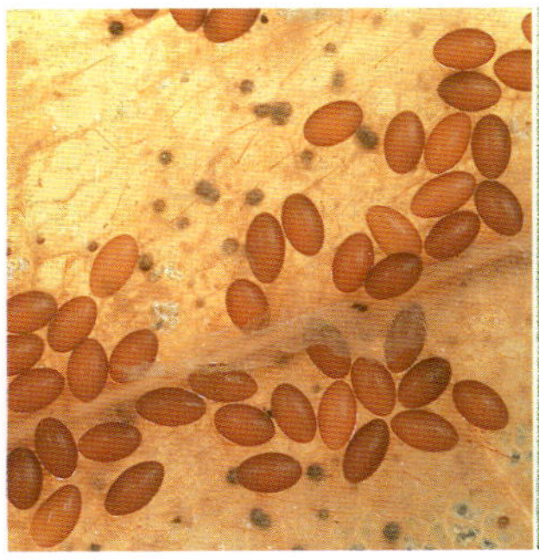
Rote Herbstlibelle

Ritterfalter *(Luehdorfia jap.)*

Wespe *(Vespa xanthoptera)*

Grille *(Oecanthus longicauda)*

Bläuling *(Artopoetes pryeri)*

Apollofalter *(Parnassius glacialis)*

Zikade *(Cryptotympana jap.)*

Bockkäfer *(Phytoecia rufiventris)*

Argyreus hyperbius

Laubheuschrecke

November

Erste Dekade:
Morgens ist die Landschaft mit Reif überzogen. Auf den Bergen nördlich des Biwasees liegt bereits der erste Schnee.

Zweite Dekade:
Die Gottesanbeterinnen sind verschwunden. Andere Insekten bereiten sich auf den Winter vor. Manche Bäume erstrahlen noch in ihrem farbenprächtigen Herbstkleid.

Dritte Dekade:
Die Temperaturen sanken an vielen Tagen unter 5 Grad. Im Hiragebirge liegt der erste Schnee. Die letzten Blätter fallen von den Bäumen und kündigen den Einzug des Winters an.

Auch dieses Blatt hängt nur noch an einem „dünnen Faden“ und kann jederzeit abfallen. Deutlich zeichnet sich die Silhouette einer Raupe ab.

November
Tagesbeobachtungen

Ahornblatt

1 Ein Siebenpunkt-Marienkäfer *(Coccinella septempunctata)*, mehrere Schwärmerraupen *(Theretra japonica)*, aktive Radnetzspinnen *(Nephila clavata)*, Feldwespen *(Polistes jadwigae)* und eine Grille *(Teleogryllus yemma)*.

Blätter des Kakibaums

2 Feuerfalter *(Lyceaena phlaeas daimio)*, Stachelameisen *(Polyrhachis lamellidens)* transportierten Beute in ihr Nest; gelbflügelige Wespen *(Vespa xanthoptera)* und eine Gottesanbeterin *(Statilia maculata)*. Auf dem Berg Ibuki lag der erste Schnee.

Abenddämmerung

3 Augenspinner *(Rhodinia fugax fugax)*, Wanderheuschrecken *(Locusta migratoria)*, viele Marienkäfer, eine Mandarinwespe *(Vespa mandarina)* und *Kaniska canace-no japonicum* (Nymphalidae).

Dioscorea japonica

4 Eine große Laubheuschrecke *(Ducetia japonica)*, vereinzelte Tagfalter *(Polygonia c-aureum)*, Raubspinnen *(Dolomedes pallitarsis)* und eine Gottesanbeterin *(Hierodula patellifera)*.

Boviste *(Lycoperdon perlatum)*

5 Einige Schwalbenschwanzraupen *(Papilio xuthus)* gefunden, die Puppe eines Ritterfalters *(Papilio protenor demetrius)* und Wespen *(Polistes chinensis)* gesehen.

Calystegia hederacea

6 Gottesanbeterinnen *(Paratenodera aridifolia)* waren noch aktiv; einzelne Wespen *(Vespa xanthoptera)* flogen noch und vereinzelte Honigbienen.

Reisfelder

7 Tagfalter *(Polygonia c-aureum)*, ein Siebenpunkt-Marienkäfer *(Coccinella septempunctata bruckii)*, kleine Kohlweißlinge *(Pieris rapae crucivora)* und zahlreiche Schwebfliegen *(Eristalomiya tenax)*.

Pfaffenhütchen

8 Schwärmer *(Macroglossum pyrrhosticta)* und Augenspinner *(Antheraea yamamai)*, ein kleiner Kohlweißling *(Pieris rapae crucivora)* sowie Heuschrecken *(Euconocephalus thunbergii)*.

Storchschnabelfrüchte

9 Bläulinge *(Adris tyrannus amurensis)*, eine Springspinne *(Plexippus paykulli)*, einen Gelbling *(Eurema hecabe mandarina)* und Naumannsdrosseln *(Turdus naumanni)* beobachtet.

Grasfrosch

10 Augenspinner *(Rhodinia fugax fugax)* und ein kleiner Kohlweißling *(Pieris rapae crucivora)*.

Schönfrucht

11 Mehrere gelbflügelige Wespen *(Vespa xanthoptera)*; das Gelege einer Gottesanbeterin *(Hierodula patellifera)* gefunden; ein kleiner Wasserskorpion *(Laccotrephes japonensis)*, Stabwanzen *(Ranatra chinensis)* und eine Radnetzspinne *(Nephila clavata)*.

Ernteameise

12 Feuerfalter *(Lycaena phlaeas damio)*, eine Rote Herbstlibelle *(Sympetrum frequens)*, vereinzelte Kohlweißlinge *(Pieris rapae crucivora)*; eine Libellenlarve *(Anax parthenope julius)* bei der Jagd beobachtet.

Stechpalme *(Ilex serrata)*

13 Kokons der Radnetzspinne *(Nephila clavata)* gesehen; einen Blauen Admiral *(Kaniska canace-no japonicum)* (Nymphalidae), die Exuvie einer Sackträgermotte *(Clania variegata)* und das Gelege der Gottesanbeterin *(Statilia maculata)* gefunden.

Ahorn *(Acer palmatum)*

14 Ein Gelbling *(Eurema hecabe mandarina)*, mehrere Schwebfliegen *(Eristalomiya tenax)* und ein Roter Admiral *(Vanessa indica)*.

Patrina villosa

15 Eine gefleckte Gottesanbeterin *(Statilia maculata)*, gelbflügelige Wespen *(Vespa xanthoptera)*, eine Teichjungfer *(Ceylonolestes gracilis peregrinus)* und Mosaiklibellenlarven *(Anax nigrofasciatus nigrofasciatus)* entdeckt.

Clerodendron trichotomum

16 Lediglich einen Spanner *(Erannis obliquaria)* und einen Gelbling *(Eurema hecabe mandarina)* gesehen.

Hirse *(Setaria glauca)*

17 Feuerfalter *(Lycaena phlaeas daimio)*, Bläulinge *(Lampides boeticus)*, Dolchwespen *(Campsomeris schulthessi)* und einige Schwimmkäfer *(Cybister japonicus)*. Die Blätter des Ahorn *(Acer palmatum)* färbten sich rot.

Brombeerstrauch

18 Heuschrecken *(Oxya japonica)* und Wanderheuschrecken *(Locusta migratoria)*, eine Sichelschrecke *(Phaneroptera falcata)* sowie Rote Herbstlibellen *(Sympetrum frequens)*.

Fruchthülsen der Sojabohne

19 Raubwanzen *(Velinus nodipes)*, ein Marienkäfer *(Aiolocaria mirabilis)* und einen Gelbling *(Eurema hecabe mandarina)*.

Ahornblatt

20 Ernteameisen *(Messor aciculatum)* bereiten sich auf den Winter vor, die Blätter des Ginkgobaums *(Ginkgo biloba)* begannen abzufallen. Auf dem Biwasee versammelten sich viele Entenarten.

Reisfelder

21 Ein Frostspanner *(Erannis obliquaria)*, ein vereinzelter Kohlweißling *(Pieris rapae crucivora)* und einen Falken beobachtet.

Spitzeiche

22 Die Kuppe des Berges Ibuki war mit Schnee bedeckt, vereinzelt hörte man noch das Zirpen der Grillen *(Teleogryllus yemma)*.

Deutzie *(Deutzia crenata)*

23 Ein Blauer Admiral *(Kaniska canaceno japonicum)*, eine Schwebfliege *(Eristalomiya tenax)* und Distelfalter *(Vanessa cardui)*.

Magnolia obovata

24 Spanner *(Erannis obliquaria)* und die Larve des kleinen Hirschkäfers *(Macrodorcas rectus)* gefunden; Raupen von *Hestina japonica* (Nymphalidae) gesehen und ein Gelege des Bläulings *(Neozephyrus taxila japonicus)* entdeckt.

Puppe einer Sackträgermotte

25 Zahlreiche Zikaden *(Bothrogonia japonica)*, einen C-Falter *(Polygonia c-aureum)* und den kleinen Kohlweißling gesehen.

Ardisia japonica

26 Die Spitze des Hira-Berges war weiß; ein Kolbenwasserkäfer *(Hydrophilus acuminatus)*.

Ginkgoblätter

27 Wasserskorpione *(Laccotrephes japonensis)* und ein Wasserkäfer *(Cybister japonicus)*.

Laubgehölz

28 Ein kleiner Kohlweißling *(Pieris rapae crucivora)* und Teichjungfern.

Hagebuttenstrauch

29 Bläulinge *(Curetis acuta paracuta)* und ein kleiner Kohlweißling *(Pieris rapae crucivora)*.

Acanthopanax sciadophylloid.

30 Ein Gelbling *(Eurema hecabe mandarina)* und Rote Herbstlibellen *(Sympetrum frequens)*.

Die Kunst, sich abzukapseln
Eine Schildmotte spinnt ihren Kokon

Kälteresistent, gegen Feuchtigkeit geschützt und sehr stabil: Der Kokon der Schildmotte ist ein kleines Wunderwerk! In ihm überdauert die Puppe den Winter. Im Frühjahr, beim Schlüpfen, verläßt die Motte die Kapsel durch eine kleine Öffnung.

❶ 10.35: Die Stelle für die Verpuppung ist gewählt.

❷ 11.55: Sie beginnt Fäden zu spinnen.

❸ 12.45: Die Körperrichtung ändert sich.

❹ 12.55: Um den Körper wird ein Fadennetz gebaut.

❺ 13.10: Die Stacheln werden angelegt.

❻ 13.40: Der eiförmige Umriß wird klarer und …

❼ 15.40: … der Kokon färbt sich weiß.

❽ 16.30: Die weiße Farbe wird intensiver …

❾ 22.00: … ein Muster ist erkennbar.

Die Oberfläche des fertigen Kokons ist kalkhaltig und sehr hart. Nur wenige andere Insekten stellen einen derart widerstandsfähigen Kokon her.

Cnidocampa flavescens frißt mit Vorliebe an Obstbäumen. Sie ist daher ein Schädling im Garten.

Die Raupen der Schildmotten sind skurrile Gebilde, die an Asseln und Nacktschnecken erinnern. Die Beine sind stark zurückgebildet, und sie können sich auf einer Unterlage festsaugen.

Die ausgewachsene Raupe mißt ca. 24 mm.

Eine Raupe von *Cnidocampa flavescens* frißt ein Kakiblatt. Ein gut sichtbarer Kokon auf einem Kakizweig.

Imago von *C. flavescens.*

Narosoideus flavidorsalis

Phrixolepia sericea

Parasa consocia

Apoda dentatus

Parasa consocia

Parasa sinica

Schildmottenraupen haben Brennhaare am Körper, die bei Berührung einen stechenden Schmerz verursachen. Die Schutzwirkung ist unabstreitbar: Von allen Schmetterlingen sind sie die am meisten gemiedenen.

Jeder nach seinem Geschmack

Die Kokons der Schildmotte *Cnidocampa flavescens*

Die Vielfältigkeit der Kokonmuster ist ausgesprochen groß, und die Muster sind gleichzeitig von schlichter Schönheit. Die einfachen, kontrastreichen Muster erinnern an Keramik.

Ein Kokon ist ca. 13 mm lang und 10 mm breit. Die Form hat Ähnlichkeit mit einem Vogelei, daher werden sie auch scherzhaft „Spatzeneier" genannt.

Zwischen Herbst und Winter
Vorbereitungen für die kalte Jahreszeit

Insekten erkennen das Nahen des Winters u. a. am Kürzerwerden der Tage. Sinken dann auch die Temperaturen, verändern sich die Stoffwechselvorgänge im Körper der Insekten, und sie beginnen mit der Suche nach einem sicheren Versteck.

Kohleulenraupen *(Mamestra illoba)* fressen bis in den Spätherbst hinein am Weißkohl.

Zikaden bereiten sich auf die Überwinterung vor.

Eine Heuschrecke spinnt die Ränder eines Blattes zusammen.

Mit Fäden aus Drüsen im Mundbereich wird das Blatt mehrfach umwickelt.

Eine Schwalbenschwanzraupe *(Papilio xuthus)* im letzten Stadium vor der Verpuppung. Hier frißt sie die herbstlich verfärbten Blätter des Japanischen Pfefferbaums *(Zanthoxylum piperitum)*.

Am Stamm des Pfefferbaums verpuppt sie sich.

Kurz vor der Überwinterung: eine Baumwanze.

Vorratshaltung
Insekten als Wintervorrat

Ihr ganzes Leben lang sind Insekten der Gefahr ausgesetzt, gefressen zu werden. Der Tod kommt sehr plötzlich, wenn sie die Beute von Vögeln und anderen Tieren werden. Aber sie können auch von Krankheiten, Bakterien und Pilzen befallen werden, die sie schwächen und töten.

Ein Würger *(Lanius bucephalus)* hat eine Gottesanbeterin gefangen.

VORRÄTE DES WÜRGERS

Würger fangen ihre Beute und spießen sie auf, um sie später zu fressen.

Sapporo-Hummel *(Bombus sapporensis)*

Maulwurfsgrille *(Gryllotalpa africana)*

Libellenlarve von *Anax parthenophe julius.*

Gottesanbeterin *(Statilia maculata)*

ANDERE RÄUBER

Hundertfüßler mit Beute.

Schlüpfende Zikade, von Ameisen attackiert.

Eine Raubspinne hat einen Eulenfalter gefangen.

DRÜSENHAARE AN PFLANZEN

Wasserläufer *(Gerris paludum insularis)*, gefangen am Leim der Azaleenblätter.

Eucera difficilis klebt ebenfalls an einer Azalee.

Raubwanze *(Haematoloecha delibuta)* an einer Azalee.

Dungfliege *(Scopeuma stercorarium)* an einer Gartenwicke.

Schwebfliege *(Zelima longa)* an einer Azalee.

Raupenfliege *(Thelaira nigripes)* (Azalee)

Gelbling *(Eurema hecabe mandarina)* (Gänsedistel)

KRANKHEITEN

Bockkäfer *(Acalalepta luxuriosa)*

Mandarin-Wespe *(Vespa mandarina)*

Zikade *(Geisha distinctissima)*

Manchen Pflanzen scheiden an den Kelchblättern ein klebriges Sekret ab, an dem Insekten hängenbleiben. Ein Schutz gegen Nektarräuber wie z. B. Ameisen.

Dezember Januar Februar

Dezember:
Es wird nicht mehr wärmer als 10 Grad, und die Temperaturen fallen weiter. Die Berge und die Felder sind kahl, der Winter hat endgültig seinen Einzug gehalten.

Januar:
Frühmorgens und abends ist es sehr kalt, und die Temperatur überschreitet an vielen Tagen nicht den Gefrierpunkt.

Februar:
Erneut kommt eine Kältewelle, aber die Temperaturen steigen in der zweiten Monatshälfte wieder langsam an. Nur noch an wenigen Tagen sinken sie unter den Gefrierpunkt.

Eines Morgens, als ich das Fenster öffnete, breitete sich eine weiße Winterlandschaft vor mir aus.
Puppe eines Schwalbenschwanzes in Winterruhe.

Dezember/Januar/ Februar Tagesbeobachtungen

Reif

1 Dezember: Ein Gelbling *(Eurema hecabe mandarina)* und mehrere Bläulinge *(Lampides boeticus)*.

Januar: Fand die Puppe eines Schwärmers *(Cephanodes hylas hylas)*.

Februar: Den Kokon einer Radnetzspinne *(Nephila clavata)* gefunden. Starker Schneefall.

Magnolienknospe

2 Dezember: Ein Gelbling *(Colias erate poliotraphus)* und ein Feuerfalter *(Lycaena phlaeas daimio)*.

Januar: Eier von Augenspinnern *(Antheraea yamamai)* gefunden und einen Laufkäfer *(Chlaenius pallipes)* in Winterstarre.

Februar: Die Pflaumenblüte beginnt.

Spitzeiche

3 Dezember: Eine Dolchwespe *(Campsomeris schultzhessi)* und mehrere Teichjungfern *(Ceylonolestes gracilis peregrinus)*.

Januar: Eine Libellenlarve *(Ictinus clavatus)*.

Februar: Einen Schwarm Spatzen beobachtet.

Reif auf Blättern

4 Dezember: Einen C-Falter *(Polygonia c-aureum)* und einen Distelfalter *(Vanessa cardui)* gesehen.

Januar: Eine Wiesenammer *(Emberiza cioides)*.

Februar: Zahlreiche Kiebitze *(Vanellus vanellus)* auf den Feldern.

Stechwindenknospe

5 Dezember: Eine Zikade *(Nephotettix cincticeps)*.

Januar: Eigelege einer Blattlaus *(Lachnus tropicalis)* entdeckt.

Februar: Im Süden lag Schnee.

Verwelktes Gras

6 Dezember: Überall waren Kohlschnaken (Tipulidae) zu sehen und einige Blaue Admirale fielen auf.

Januar: Libellenlarven *(Planaeschna milnei)*.

Februar: Eine kleiner Schwarm von Brillenvögeln *(Zosterops japonica)* machte auf sich aufmerksam.

Verlassene Spechthöhle

7 Dezember: Das Gelege einer Gottesanbeterin *(Hierodula patellifera)* gefunden, Teichjungfern *(Ceylonolestes gracilis peregrinus)* beobachtet.

Januar: Überwinternde Laufkäfer *(Carabus dehaanii)* entdeckt.

Februar: Die Teiche sind zugefroren.

Mistel *(Viscum album)*

8 Dezember: Marienkäfer und Blattkäfer *(Aulacophora femoralis)* gesehen.

Januar: Eigelege von Augenspinnern *(Rhodiaia fugax fugax)* gefunden.

Februar: Eine überwinternde Streckerspinne *(Tetragnatha praedonia)*.

Reif auf einem Farnblatt

9 Dezember: Eine überwinternde Wespenkönigin *(Vespa analis)* und das Gelege einer Gottesanbeterin *(Paratenodera aridifolia)* gefunden.

Januar: Eine Ritterfalterpuppe *(Papilio protenor demetrius)*.

Februar: Eine Puppe von *Dichorragia nesimachus nestiotes* (Nymphalidae).

Spanner *(Erannis obliquaria)*

10 Dezember: Überwinternde Wanzen *(Carbula humigera)* gesehen.

Januar: Eine Bremsenpuppe.

Februar: Eine überwinternde Teichjungfer *(Ceylonolestes gracilis peregrinus)* entdeckt.

Lorbeergewächs

11 Dezember: Ein überwinternder *Sasakia charonda* (Nymphalidae).

Januar: Ein Schnellkäfer *(Alaus berus)* in Winterruhe.

Februar: Eine Laufkäferart *(Carabus procerulus)* im Versteck entdeckt.

Eichenstamm

12 Dezember: Ein Tagfalter und *Kaniska canace-no japonicum* (Nymphalidae) beim Sonnenbad beobachtet.

Januar: Eine Blatthornkäferlarve und eine Heuschrecke *(Gryllacris japonica)* im Winterquartier entdeckt.

Februar: Überwinternde Grillen *(Duolandrevus coulaniaanus)*.

Ein Bergdorf

13 Dezember: Eine überwinternde Raubwanze *(Isyndus obscurus)*.

Januar: Ein Ritterfalter *(Papilio protenor demetrius)* in Kältestarre.

Februar: Die ersten Narzissen *(Narcissus tazetta var. chinensis)* blühen auf, und man hörte den Gesang der Feldlerche *(Alauda arvensis)*.

Eiche *(Quercus serrata)*

14 Dezember: Mandarinwespen *(Vespa mandarina)* im Winterversteck, fand einige Früchte von *Liriope plathyphlla* (Liliaceae).

Januar: Entdeckte überwinternde Wespen *(Parapolybia varia)*.

Februar: Mehrere Wanzen *(Sastragala esakii)*.

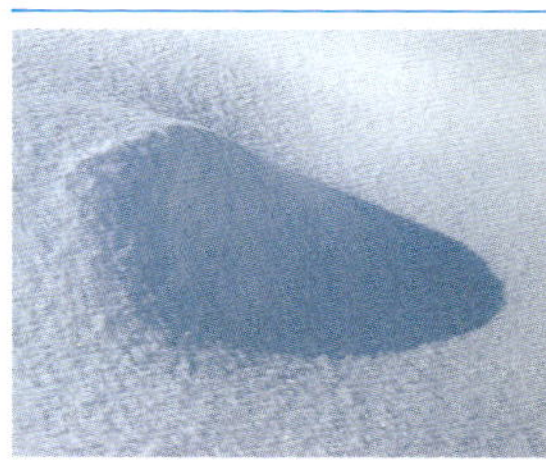
Schnee

15 Dezember: Die letzten Blätter von *Zelkova serrata* (Ulmaceae) waren abgefallen.

Januar: Überwinternde Laufkäfer *(Damaster blaptoides)*. Am Rand des Vordaches hingen große Eiszapfen.

Februar: Eine Nachtigall *(Hypsipetes amiaurotis)* sang.

Holzpilze auf Baumstumpf

16 Dezember: Fand die Puppe eines Schwärmers *(Cephanodes hylas hylas)*.

Januar: Eine Feldwespe *(Polistes snelleni)* und ein überwinternder Bläuling *(Curetis acuta paracuta)*.

Februar: Ein Stachelameisennest *(Polyrhachis lamellidens)*.

Abendrot

17 Dezember: Entdeckte das Eigelege des Augenspinners *(Dictyoploca jap.)* und eine überwinternde Krabbenspinne.

Januar: Roßameisen *(Camponotus kiusiuensis)* und mehrere Nachtigallen *(Hypsipetes amiaurotis)*.

Februar: Überwinternde Raubwanzen *(Velinus nodipes)*.

Winterlandschaft

18 Dezember: Sackträgermottenraupen *(Clania minuscula)* und Eulenfalter *(Blenina senex)*.

Januar: Fand das Eigelege eines Bläulings *(Chrysozephyrus hisamatsuanus)*.

Februar: Überwinternde Bläulinge *(Ussuriana stygiana)*.

Stechwinde

19 Dezember: Einige Gelblinge *(Eurema hecabe mandarina)* gesehen.

Januar: Die Eigelege von zwei Bläulingsarten *(Artopoetes pryeri* und *Antigius attilia)* entdeckt.

Februar: Einige Wanzen und eine überwinternde Raubspinne gesehen.

Verlassenes Dorf

20 Dezember: Verschiedene Schwärmerpuppen entdeckt.

Januar: Das Eigelege eines Augenspinners *(Antheraea yamamai yamamai)* und überwinternde Zikaden *(Bothrogonia japonica)* gefunden.

Februar: Raupen von Sackträgermotten *(Calania variegata)* in Winterruhe.

Wolken im Abendrot

21 Dezember: Eine tote Gottesanbeterin gefunden.

Januar: Rüsselkäfer im Winterquartier und Prachtmarienkäfer *(Aiolocaria mirabilis)*.

Februar: Den verlassenen Kokon eines Augenspinners gefunden.

Rauhreif

22 Dezember: Raupen des Gelblings *(Colias erate poliographus)*.

Januar: Viele Ritterfalterpuppen *(Graphium sarpedon nipponum)* an einem Holzschuppen.

Februar: Das Gelege einer Gottesanbeterin *(Statilia maculata)* entdeckt.

Schneeballknospen

23 Dezember: Puppen von *Lycaena phlaeas*.

Januar: Überwinternde Blattkäfer *(Aulacophora nigripennis)*.

Februar: Schwalbenschwanzpuppen *(Papilio xuthus)*.

Schneesturm

24 Dezember: Eier von Glucken *(Malacosmoma neustria)* gefunden und überwinternde Roßameisen *(Camponotus japonicus)* gesehen.

Januar: Heuschrecken *(Diestrammena japonica)* in Winterruhe.

Februar: Eine Schabe *(Panesthia spadica)* entdeckt.

Vereiste Zweige

25 Dezember: Überwinternde Krabbenspinnen *(Oxytate striatipes)* und Siebenpunkt-Marienkäfer *(Coccinella septempunctata bruckii)*.

Januar: Einige Eulenfalter *(Arcte coerulea)* gefunden.

Februar: Ritterfalterpuppen *(Byasa alcinous)* im Winterquartier.

Wolfsmilchgewächs

26 Dezember: Raupen von *Neptis philyra excellens* (Nymphalidae).

Januar: Marienkäferlarven *(Epilachna spoarsa orientalis)* gefunden.

Februar: Die überwinternde Puppe eines Bläulings *(Graphim sarpedon nipponum)* entdeckt.

Hasenspur

27 Dezember: Fast alle Eichen haben ihre Blätter verloren.

Januar: Die niedrigste Temperatur des Jahres registriert und einen Schildkäfer *(Aspidomorpha difformis)* gefunden.

Februar: Eine Ritterfalterpuppe *(Papilio helenus nicconicolens)*.

Rauhreif

28 Dezember: Einen alten Augenspinnerkokon gefunden.

Januar: Ritterfalterpuppen *(Papilio protenor demetrius)*.

Februar: Den Gesang der Japanischen Nachtigall *(Cettia diphone)* gehört.

Wolfsmilchgewächs

29 Dezember: Überwinternde Schildkäfer auf Sicheltannen gefunden und einen Ohrwurm *(Anisolabis maritima)* im Winterquartier.

Januar: Eine Schwalbenschwanzpuppe *(Papilio xuthus)*.

Februar: Das Gelege einer Gottesanbeterin entdeckt.

Roter Milan

30 Dezember: Eine Dickkopffalterpuppe *(Parnara guttata)*.

Januar: Schneefall im Norden, überwinternde Roßameisen *(Camponotus obscuripes)* und Krabbenspinnen *(Oxytate striatipes)*.

Reisfelder im Winter

31 Dezember: Wespennest gefunden.

Januar: Ein überwinternder grüner Rosenkäfer *(Oxycetonia jucunda)* und eine Wespe *(Vespa xanthoptera)*.

Warten auf den Frühling

Winterruhe der Insekten

Es gibt verschiedene Möglichkeiten, zu überwintern. Insekten, die als Imago den Winter überstehen, suchen in der Regel einen sicheren und geschützten Ort auf. Viele Arten überwintern aber auch in der Form von Puppen oder Eigelegen. Erst im nächsten Frühjahr schlüpft dann eine neue Generation.

Rübenfeld

ZWEIG

Sackträgerpuppe *(Clania variegata)*

Teichjungfer

Schildwanzen *(Halyomorpha mista)*

Raubwanzen *(Isyndus obscurus)*

RINDE

Lachnus tropicolis (schwarz: eine Schlafgesellschaft von Wanzen)

Faltenwespen *(Parapolybia varia)*

Schildwanzen *(Sastragala esakii)*

Blattkäfer *(Aulacophora lewisii)*

Zwei Marienkäferarten

Eulenfalter *(Eutelia geyeri)*

Blenina senex

Mottenraupen *(Hypophrictis capnomicta)*

Obwohl man es zunächst nicht glaubt, kann auch der Winter eine günstige Jahreszeit zur Beobachtung von Insekten sein.

Shinto-Schrein

Mischgehölz

Deich

IM INNEREN VON TOTHOLZ

Schnellkäfer *(Ampedus hypogastricus)*

Laufkäfer *(Damaster blaptoides)*

Roßameisen *(Camponotus kiusiuensis)*

Schnellkäfer *(Chalcophora japonica)*

Laufkäfer *(Carabus procerulus)*

Bockkäfer *(Pseudaeolesthes chrysothrix)*

Faltenwespe *(Vespa mandarina)*

IM HAUS

Eule *(Arcte coerulea)*

IN DER ERDE

Sandlaufkäfer *(Cicindels japonica)*

Tetragnatha praedonia

Rosenkäfer *(Oxycetonia jucunda)*

Schwebfliege *(Eristalis cerealis)*

Laufkäfer *(Apotomopterus dehanii)*

UNTER ABGEFALLENEM LAUB

Laubheuschrecke

Wanze *(Rhotala vittata)*

Wanzenlarve *(Poecilocoris lewisi)*

Im Winter zeigen sich die Insekten von einer völlig anderen Seite als im Sommer. Da sie nun bewegungslos sind, lassen sie sich eingehend betrachten.

Verlassene Wohnungen
Alte Insektennester

Es ist interessant, einmal einen Wintertag mit dem Besuch eines leerstehenden Hauses oder von Gärten zu verbringen. Überall finden sich hier alte Nester und Kokons der verschiedensten Insekten.

Alter Augenspinnerkokon *(Dictyoploca japonica)*.

Wespennest *(Polistes yokohamae)* unter einem Dach.

Altes, unvollendetes Nest von Faltenwespen *(Vespa analis)*.

Altes Wespennest *(Polistes japonicus)* an einem Pflaumenzweig.

Alter Augenspinnerkokon *(Antheraea yamamai yamami)*.

Verlassener Kokon von *Rhodinia fugax fugax*.

Sack einer Sackträgermotte *(Clania minuscula)*.

Im Winter findet man die sonst unter Blättern versteckten Objekte leichter als im Sommer.

Suchbilder
Insekten unter dem Winterhimmel

Um überwinternde Insekten zu entdecken, braucht man ein geschultes Auge. Spazierengehen allein genügt nicht, man muß schon sehr genau hinsehen. Sollten Sie die Insekten auf den Fotos nicht gleich finden, fehlt es vielleicht noch an Übung.

Puppe des Ritterfalters *(Papilio protenor demetrius)* (Holzstoß an einem Haus, Mitte links oben).

Blenina senex (4 Exemplare)

Papilio protenor demetrius (grüne Form, überwintert in einer Dornenhecke)

C-Falter *(Polygonia c-aureum)* (überwintert zwischen verwelkten Gräsern)

Eulenfalter *(Eutelia geyeri)* (Mitte oben)

Zum Überwintern bevorzugen Insekten Orte, die vor direktem Lichteinfall geschützt sind und an denen die Temperaturen relativ konstant bleiben.

Platz ist in der kleinsten Hütte

Ritterfalterpuppen

Eine Hütte, in der der Ritterfalter überwintert.

Eine kleine Hütte inmitten von Feldern verwandelt sich jedes Jahr im Winter zum Sammelplatz des Ritterfalters *(Byasa alcinous)*. Hier überwintert er als Puppe. In einem guten Jahr hängen die Puppen oft wie Trauben von der Dachunterseite herab.

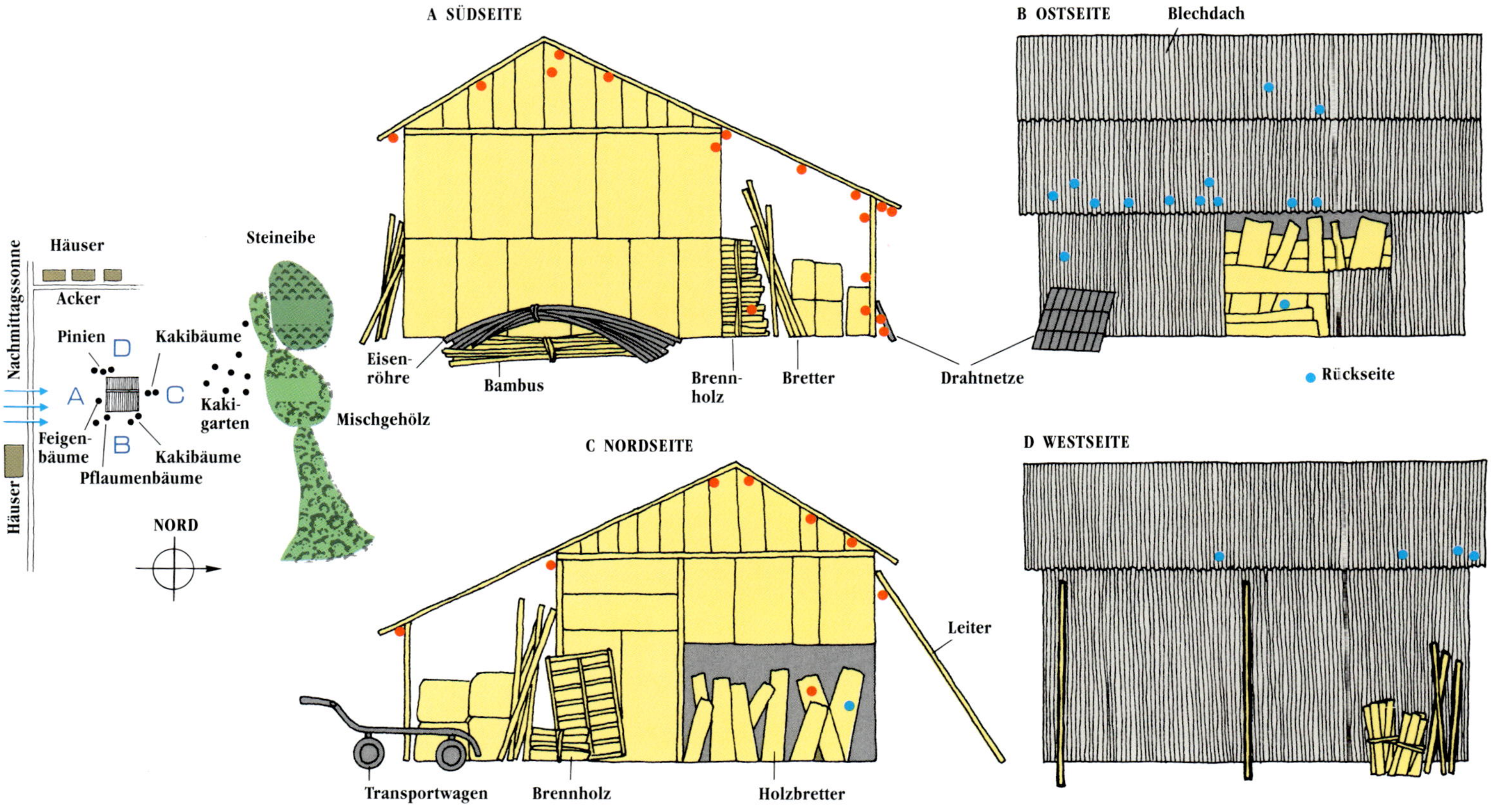

Puppen an der Dachunterseite.

Puppe an einem Bretterzaun.

Puppe an einem Drahtgitter.

Sackträgermotte an einem Wellblech.

Eine Puppe, von einem Vogel angefressen.

Gemeinsam durch den Winter

Die Überwinterungsstrategie der Marienkäfer

Viele Insekten finden sich im Herbst zu sogenannten Überwinterungsaggregationen zusammen. Solche Ansammlungen kann man z. B. unter Baumrinde entdecken. Einige Marienkäfer zeigen dieses Verhalten, man kennt es aber auch von verschiedenen Wanzenarten. Warum sich diese Tiere an einem Ort sammeln, ist bis heute nicht geklärt (s. Seite 182).

Waldgegend, in der Marienkäfer jeden Herbst zusammenkommen.

Im Spätherbst fliegen sie einer nach dem anderen die Strommasten an.

Die Käfer, die sich treffen, trippeln aufgeregt umher. Oft kann man auch beobachten, wie sie hintereinander herlaufen.

Zweipunkttyp und ein Fleckentyp.

Zweipunkttyp und Vierpunkttyp.

Roter Typ und Zweipunkttyp.

Hier hat sich eine Gruppe zusammengefunden. Alle Tiere gehören zur selben Marienkäferart!

Marienkäfer kommen im Herbst über mehrere Kilometer herangeflogen und überwintern in der Gruppe.

März

Erste Dekade:
Die Temperatur kann in einigen Nächten unter dem Gefrierpunkt liegen. Tagsüber wird es aber bereits wesentlich wärmer und angenehmer.

Zweite Dekade:
Der Schnee auf den Bergen schmilzt zusehends.

Dritte Dekade:
Die Temperaturen steigen rasch an, tagsüber erreichen sie bereits 10 Grad. Die ersten Schmetterlinge besuchen die Blüten des Ehrenpreises. Der Frühling, auf den alle so sehnsüchtig gewartet haben, ist nun nicht mehr fern.

Vorbote des Frühlings: eine Raubspinne auf der Oberfläche eines kleinen Teichs.

März
Tagesbeobachtungen

Spitzeichenallee

1 Überwinternde Schwarzkäfer *(Ceropria induta)*, eine Heuschrecke *(Nippancistroger testaceus)* und Ritterfalterpuppen *(Papilio protenor demetrius)*.

Sternjasmin

2 *Polistes snelleni* gesehen; *Hamamelis japonica* erblühte.

Tauwetter

3 Einige Bockkäferlarven *(Psacothea hilaris)* entdeckt.
Die Schneeschmelze beginnt.

Rauhreif

4 Wespen *(Vespa xanthoptera)* noch in Winterruhe und das Gelege eines Bläulings *(Neozephyrus taxila japonicus)* gefunden.

Essigbaum

5 Überwinternde Laufkäfer *(Apotomopterus dehaanii)* im Winterquartier entdeckt.

Moos

6 Die ersten Blauen Admirale *(Kaniska canace-no japonicum)* flogen lebhaft umher.

Frosch und Indische Erdbeere

7 Eine Ritterfalterpuppe *(Byasa alcinous)* gefunden und an sonnenbeschienenen Stellen zeigte sich der Ehrenpreis *(Veronica persica)*.

Eichenknospen

8 Ein Nest der Wegwespe *(Auplopus carbonarius)* und überwinternde Schnellkäfer.

Reif

9 Bläulingspuppen *(Graphium sarpedon nipponum)* gefunden und erste C-Falter *(Polygonia c-aureum)* flogen umher.

Sonnenring

10 Eine Schildwanze *(Satragala esakii)*. Die Frühlingsorchideen *(Cymbidium goeringii)* trieben Knospen.

Wiese im Vorfrühling

11 Mehrere Schmetterlinge *(Pterodecta felderi)* gesehen.
Liguster trieb aus.

Wildkirsche

12 Weidenkätzchen *(Salix gracilistyla)* und die ersten Pestwurzblüten erschienen *(Petasites japonica)*.

Furchenbiene und Ehrenpreis

13 Ein Blauer Admiral *(Kaniska canace-no japonicum)* ließ sich sehen. Der Seidelbast *(Daphne odora)* und Sumach trieben erste Knospen.

Weidenkätzchen

14 Eichen *(Quercus acuta)* trieben Knospen, die Vogelmiere *(Stellaria media)* stand bereits in Blüte.

Wilde Rose

15 C-Falter *(Polygonia c-aureum)* und ein Blauer Admiral *(Kaniska canace-no japonicum)*. Die ersten Schachtelhalmsprosse zeigten sich.

Reif

16 Ein Blauer Admiral. Die Eichen trieben neue Knospen.

Bergazalee

17 Eine Sackträgermottenraupe *(Clania minuscula)* gefunden, erste Rapsblüten zeigten sich.

Großer Fuchs

18 Einen Blauen Admiral, vereinzelte C-Falter *(Polygonia c-aureum)* und einige Pilze gefunden.

Hamamelis japonica

19 Kleiner Kohlweißling *(Pieris rapae crucivora)*, ein überwinternder Blattkäfer *(Chrysochoroa buprestes)* und Magnolienknospen.

Taglilie

20 Mehrere Zürgelbaumfalter *(Libythea celtis celtoides)* und ein Blauer Admiral. *Ligustrum obtusifolium* trieb neue Knospen.

Pestwurz

21 Ein C-Falter *(Polygonia c-aureum)* und Schwebfliegen *(Eristalomiya zonata)*.

Coptis japonica

22 Gelblinge *(Eurema hecabe mandarina)*, zahlreiche Schwebfliegen *(Eristalomiya zonata)*; der Löwenzahn und Lilien *(Heloniopsis orientalis)* blühten.

Vogelmiere

23 Eine Blattwespe *(Arge nipponensis)*, ein kleiner Kohlweißling *(Pieris rapae crucivora)* und erste Taglilienknospen *(Hemerocallis fulva)* zeigten sich.

Veilchen

24 Zuckmücken (Chironomidae); die Frühlingsorchideen *(Cymbidium goeringii)* blühten und die Stechwinden *(Smilax china)* trieben Knospen.

Ehrenpreis

25 Wasserläufer *(Gerris paludum)* beobachtet, *Onychophragmus violaceus* stand bereits in voller Blüte, die ersten Blätter von *Asarum nipponicum* und *Moricandia* entfalteten sich.

Lorbeergewächs

26 Stachelameisen *(Polyrhachis lamellidens)* wurden aktiv, Gelblinge *(Eurema hecabe mandarina)* und eine Faltenwespe *(Polistes chinensis)* gesehen. Die weißen Magnolien erblühten.

Schachtelhalmsporenstände

27 Siebenpunkt-Marienkäfer *(Coccinella septempunctata bruckii)*, eine Eidechse und wieder viele Pestwurzblüten.

Kobusmagnolie

28 Eine Schwebfliege *(Eristalomiya zonata)*, Zürgelbaumfalter *(Libythea celtis celtoides)*, ein C-Falter *(Polygonia c-aureum)* und aktive Ameisen *(Formica fusca japonica)*. Die Taubnesseln *(Lamium amplexicaule)* standen in voller Blüte.

Holzpilz

29 Ein Roter Admiral *(Vanessa indica)*, ein Blauer Admiral *(Kaniska canace-no japonicum)* und einige Wollschweber *(Bombylius atriceps)*. Die ersten Schwalben kehrten zurück.

Veilchen

30 Mehrere kleine Kohlweißlinge *(Pieris rapae crucivora)* bei der Eiablage beobachtet, ein C-Falter *(Polygonia c-aureum)*, Bläulinge und ein Gelbling *(Eurema hecabe mandarina)*.

Stechwinde

31 Kleine Kohlweißlinge *(Pieris rapae crucivora)*, ein Großer Fuchs *(Nymphalis xanthomelas japonica)*, ein Bläuling *(Ahlbergia ferrea)*; viele Ameisen *(Formica fusca japonica)* auf den Wegen.

Bad in der Sonne
Insekten erwachen aus dem Winterschlaf

Die Frühlingssonne ist warm und angenehm. Wenn ich hinausgehe und die wieder zum Leben erwachenden Insekten beobachte, erweckt das in mir die Neugierde auf das neue Insektenjahr.

C-Falter *(Polygonia c-aureum)* auf einem Reisstoppelfeld.

Großer Fuchs *(Nymphalis xanthomelas)*

Bläuling *(Ahlbergia ferrea)*

Blauer Admiral auf trockenem Gras.

Zürgelbaumfalter

Vierpunkt-Marienkäfer

Eine Raupe von *Hestina japonica* (Nymphalidae), die soeben auf einen Zürgelbaum steigt.

Der Frühling ist da!
Insekten und Blumen im Frühjahr

Wenn man eine im Frühjahr blühende Blume entdeckt, sollte man sie sich genau anschauen. Überall regt sich neues Leben, und das Bewußtsein für den Beginn der neuen Jahreszeit kommt auf.

Schwebfliege *(Eristalomiya tenax)* und Löwenzahn

Bläuling und Schachtelhalm

Kohlweißling und Ehrenpreis

Ameise und Hornkraut

Faltenwespe und Ehrenpreis

Tanzfliege und Vogelmiere

C-Falter und Raps

Schwebfliege und Wolfsmilch

Bläuling und Hundszahn

Fliege und Ehrenpreis

Furchenbiene und Pestwurz

Wollschweber und Erbeere

Bläuling und Schaumkraut

Schwebfliege und Hornkraut

Die Aktivität der Insekten ist u. a. von der Temperatur abhängig. Von manchen Schmetterlingen weiß man, daß sie aktiv werden, wenn es wärmer als 10° C ist.

In meinem Beobachtungsgebiet treffen zwei Klimazonen aufeinander: das vom Binnensee beeinflußte und das Meeresklima. Im Bereich des Binnenseeklimas regnet es das ganze Jahr hindurch relativ wenig, das Meerklima ist von starken Schneefällen im Winter gekennzeichnet. Die Verschiedenheit der beiden Klimate wird im Winter anhand der unterschiedlichen Schneefallgrenzen im Grenzgebiet deutlich. Es fällt schwer zu glauben, daß beide Regionen in der gleichen Präfektur liegen.

Was ist ein Insekt?

Insekten sind die arten- und individuenreichste Tiergruppe auf unserer Erde. Vier Fünftel aller Tiere gehören zu ihnen. Insgesamt zählt man heute ungefähr 1 Million beschriebener Arten, und täglich kommen neue, vor allem in den Tropen, hinzu. Und doch sind wahrscheinlich erst 20 Prozent aller Insekten bekannt.

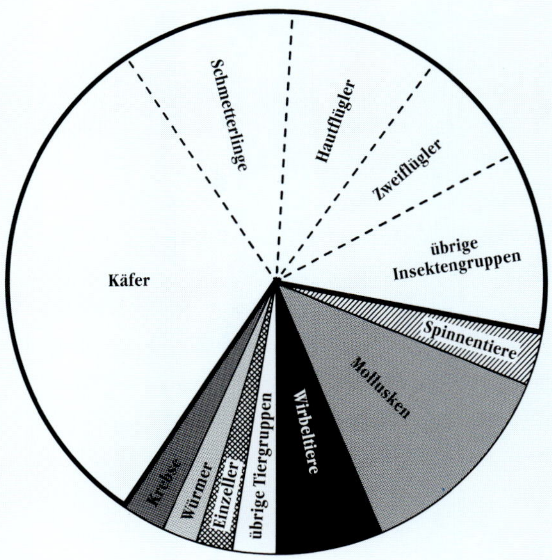

Das Verhältnis der Artenzahlen der größten Tiergruppen.

Um sich die ungeheure Zahl der Individuen klar zu machen, seien nur einige wenige Beispiele gegeben: Auf einer einzigen Tomatenpflanze, die von Blattläusen befallen ist, zählt man bis zu 25.000 Individuen; ein Honigbienenstaat beherbergt ungefähr 50.000 Bienen, und ein einziges Nest der Blattschneiderameise beherbergt 1 Million Einwohner. Der Schwarm der Wanderheuschrecken *(Schistocerca gregaria)* in Afrika umfaßt sogar bis zu 2 Milliarden Tiere. Solche Zahlen übersteigen unser Vorstellungsvermögen bei weitem, aber sie lassen erahnen, zu welchen Erfolgen die Stammesgeschichte der Insekten geführt hat.

Es gibt auf der Erde von den Tropen bis zu den Polargebieten, von den Tieflagen bis hinauf auf die höchsten Berggipfel fast keinen Lebensraum, der nicht von Insekten besiedelt ist. Zu ihrem Reich gehört ebenso der Boden wie die Luft. Sie leben auf und in Pflanzen, im Süßwasser, nutzen Exkremente, Kadaver, menschliche Vorräte und andere organische Substrate. Viele leben auch als Parasiten an Insekten oder an anderen Tieren und Pflanzen. Selbst in Biotopen, die völlig lebensfeindlich sind, entdeckte man einzelne Arten: in Salzquellen, in denen jedes andere Lebewesen sofort umkommen würde, entwickeln sich die Larven der Salzfliege *(Ephydra riparia)*; die Larven einer nächstverwandten Art leben sogar in den Petroleumlachen von Ölquellen. Bis in den Küstenbereich der Meere hinein findet man Insekten (z. B. Zuckmücken der Gattung *Clunio*). Dem Bereich zwischen Luft und Meer, der Oberfläche der Hochsee, haben sich Wanzen der Gattung *Halobates* angepaßt. Nur das Meer selbst haben sie nicht erobert.

Der Bau des Insektenkörpers

Nach außen hin ist der Körper der Insekten durch eine dünne Hautschicht begrenzt. Sie scheidet ein stickstoffhaltiges Polysaccharid ab, das sogenannte Chitin, welches als leichte, zudem aber beachtlich feste Kutikula den gesamten Insektenkörper einschließt. Der Körper steckt sozusagen in einem Panzer, ähnlich einem mittelalterlichen Ritter in seiner Rüstung, und wie diese erhält auch der Insektenpanzer seine Beweglichkeit durch Gelenkhäute, die zwischen den festen Platten und Röhren gespannt sind. Die Beweglichkeit des Insektenkörpers selbst und seiner Teile zueinander wird durch Muskeln erreicht, die im Inneren an einzelnen Chitinteilen ansetzen. So ist der Insektenpanzer nicht nur Körperdecke, sondern zugleich auch Außenskelett. Da Chitin aber eine tote Substanz ist, folglich beim Größerwerden des Insekts nicht mitwächst, muß der Panzer durch Häutung von Zeit zu Zeit erneuert werden.

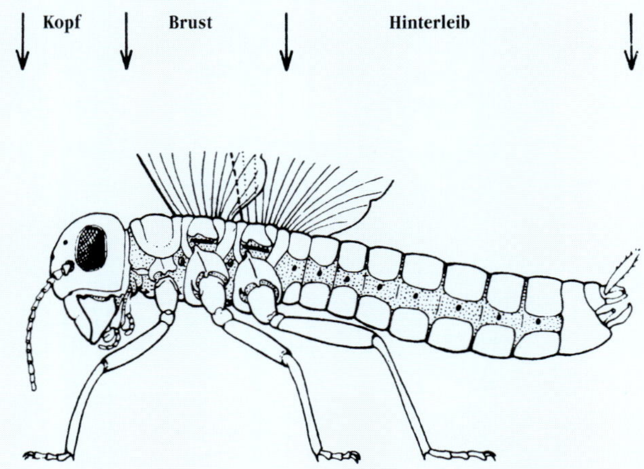

Die Gliederung des Insektenkörpers

Der Körper eines Insekts gliedert sich in drei Abschnitte: den Kopf (Caput), die Brust (Thorax) und den Hinterleib (Abdomen). Diese wiederum sind je aus einzelnen, miteinander verwachsenen oder gegeneinander beweglichen Segmenten zusammengesetzt.

Der Kopf ist, vereinfachend gesagt, der Abschnitt der Sinneswahrnehmung und der Nahrungsaufnahme. An ihm sitzen die beiden Fühler für die mechanische und chemische Sinneswahrnehmung sowie ein Paar kompliziert gebaute Facettenaugen und oft noch einfachere Augen für die optische Sinneswahrnehmung.

In der Mundregion befinden sich die Mundwerkzeuge, die je nach Art der Nahrung sehr verschieden gestaltet sein können. So hat ein Nektar trinkender Schmetterling einen langen Saugrüssel, eine Pflanzensaft saugende Wanze hingegen spitze Stechapparate und eine Grashalme fressende Heuschrecke kräftige Kauladen entwickelt.

Der Brustabschnitt dient der Fortbewegung. Er besteht stets aus drei Segmenten, und an jedem entspringt ein gegliedertes

Laufbeinpaar. Insekten haben also immer sechs Beine. Am mittleren und hinteren Segment des Brustabschnitts sitzt bei den meisten Insekten je ein Flügelpaar (es gibt aber auch eine Reihe Insekten, die im Laufe ihrer Stammesgeschichte keine Flügel entwickelt haben und solche, die sie sekundär wieder rückgebildet haben).

Der Hinterleib trägt vor allem die inneren Organe und meist an seinem Ende Strukturen, die für die Paarung und Eiablage wichtig sind.

Von den inneren Organen ist zunächst der Darmtrakt zu nennen. Er setzt sich aus einem mit Chitin ausgekleideten Vorder- und Endabschnitt sowie einem Mitteldarm, in dem die Verdauung der Nahrung stattfindet, zusammen. Verdauungsenzyme werden von verschiedenen Drüsen geliefert. Je nach der Art der Nahrung ist der Darmtrakt unterschiedlich gestaltet. So kann am Ende des Vorderdarms ein mit kräftigen Chitinzähnen versehener Kaumagen ausgebildet sein. An der Grenze zwischen Mittel- und Enddarm münden mehrere unverzweigte, blind endende Schläuche (Malpighische Gefäße), die stickstoffhaltige Stoffwechselendprodukte in den Darm abgeben und so die Exkretionsorgane darstellen. Als Speicher für Nährstoffe dient ein ausgedehnter Fettkörper. Große Fettzellen, die Eiweiß, Fettkugeln und Glykogenkörnchen enthalten, sind zu Fettlappen zusammengefaßt und umgeben schützend alle inneren Organe.

Das Nervensystem besteht aus einem großen, im Kopf liegenden Gehirn, dem sogenannten Oberschlundganglion. Von diesem aus zieht sich ein Ring um den Darm herum zum Unterschlundganglion und einem auf der Bauchseite liegenden doppelten Nervenstrang, der in jedem Segment ein Paar Nervenknoten (Ganglien) ausbildet. Von diesem zentralen System aus gehen zahlreiche Nervenfasern ab, die den gesamten Körper durchziehen und jedes Haar, jede Gelenkhaut, jedes Sinnesorgan und vieles mehr versorgen.

Insekten atmen atmosphärischen Sauerstoff mit Hilfe eines Tracheensystems. Dies ist ein reichverzweigtes, miteinander kommunizierendes Röhrennetz, welches den gesamten Körper durchzieht, Sauerstoff an alle Organe heranbringt und Kohlendioxyd (CO_2) abführt. Die Verbindung nach außen ist durch Atemöffnungen (Stigmen) geschaffen. Der Austausch der Atemgase erfolgt teilweise durch Diffusion, bei erhöhtem Sauerstoffbedarf jedoch durch die Tätigkeit spezieller Muskeln, die den Hinterleib abflachen und dadurch die Luft auspressen können. Nimmt der Körper wieder seine normale Form an (Eigenelastizität), wird frische Atemluft eingesogen. Dieser Ablauf wird als „Pumpen“ bezeichnet. Man kann ihn etwa bei einem Maikäfer kurz vor dem Start beobachten.

Die Körperflüssigkeit (Haemolymphe, Blut) spielt demgemäß, im Gegensatz zu vielen anderen Tieren, kaum eine Rolle bei der Übertragung von Sauerstoff von den Atmungsorganen zu den sauerstoffverbrauchenden Organen. Das Kreislaufsystem der Insekten ist in der Folge auch eher einfach gebaut. Es besteht aus einem am Rücken liegenden vorne offenen und hinten geschlossenen muskulösen Herzschlauch, dessen Wand von segmental angeordneten Öffnungen (Ostien) durchbrochen ist. Beim Zusammenziehen des Herzmuskels wird die Körperflüssigkeit nach vorne in eine Aorta gepreßt und ergießt sich im Kopfbereich

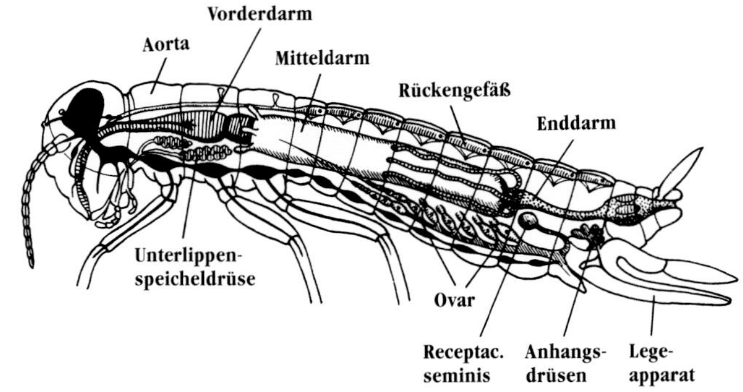

Die innere Organisation eines Insekts.

frei in die Leibeshöhle. Durch segelartig am Herz und am Außenpanzer ansetzende sogenannte „Flügelmuskeln“ (die nichts mit den Flügeln zu tun haben), wird der Herzschlauch dann gedehnt, und die Flüssigkeit aus dem Körper über die Ostien erneut eingesogen. Die Hauptaufgabe des Blutes besteht im Transport von Nährstoffen, Exkreten und Hormonen im Körper.

Insekten sind zweigeschlechtlich. Die Geschlechtsorgane befinden sich im Hinterleib und bestehen bei den Männchen aus paarigen Hoden, bei den Weibchen aus paarigen Eierstöcken. Häufig sind noch Anhangsorgane wie diverse Drüsen, Reservoire etc. entwickelt. Diese liefern Sekrete oder dienen der Speicherung von Spermien.

Die Entwicklung: Vom Ei zum fertigen Insekt

Im befruchteten, aber auch im Fall der Jungfernzeugung (Parthenogenese) unbefruchteten Ei findet im komplizierten Prozeß der Keimesentwicklung die Bildung und Ausdifferenzierung der Gewebe und Organe des zukünftigen Insekts statt. Die Keimesentwicklung endet mit dem Ausschlüpfen der ersten Larve (Eilarve), die voll beweglich ist und eine typische Körpergestalt aufweist. Nun beginnt die sogenannte postembryonale Entwicklung, die ihrerseits mit der Ausbildung des erwachsenen, das heißt des geschlechtsreifen Tieres (Adultus oder Imago) endet.

Das Wachstum wird durch Häutungen ermöglicht, deren Zahl je nach Art zwischen einer und vierzig liegen kann. In dieser Zeit nehmen die Larven bemerkenswert große Mengen an Nahrung zu sich. In der Regel verläuft die Postembryonalentwicklung als Metamorphose. Von Entwicklungsstadium zu Entwicklungsstadium treten dabei Veränderungen im Körperbau auf, die teilweise drastische Ausmaße annehmen können. Häutungen und Metamorphosen werden hormonell gesteuert. Vereinfachend gesehen kann man zwei Typen der Metamorphose unterscheiden:

1. Die unvollkommene Verwandlung (Hemimetabolie) kennzeichnet die ursprünglicheren Insektengruppen wie Libellen, Eintagsfliegen, Heuschrecken und Wanzen. Während ihrer Entwicklung verändert sich der Körperbau nur wenig, die Larven sehen den erwachsenen Tieren bereits sehr ähnlich (s. Seite 100/101). Die Anlagen der Flügel sind schon im jungen Larvenstadium als Flügelscheiden äußerlich sichtbar. Erst nach der letzten Häutung sind die Flügel voll entwickelt vorhanden und die Genitalorgane

ausgebildet. Ökologisch gesehen haben Larven und Imagines oft die gleichen Ansprüche, z. B. nutzen sie dieselbe Nahrung.

2. Die vollkommene Verwandlung (Holometabolie) ist für höherentwickelte Insektengruppen charakteristisch (z. B. Schmetterlinge, Zweiflügler [Diptera] und Käfer). Dabei ist zwischen die Larvenstadien, die vollkommen anders gebaut sind als die Imago, und die erwachsenen Insekten ein Puppenstadium eingeschaltet, das als erstes Stadium äußere Anlagen der Flügel erkennen läßt. Da man im Puppenstadium keine äußerlichen Veränderungen feststellen kann, wirken viele Puppen von außen betrachtet wie ein Ruhestadium. Doch genau das Gegenteil ist der Fall: Im Inneren findet eine tiefgreifende, totale Umwandlung des Körpers statt. Die larvalen Organe werden abgebaut, und es erfolgt ein Neuaufbau jener Organe, die das erwachsene Insekt für sein Leben braucht. Bei den Holometabolen sind Larven und Imagines nicht nur im Körperbau gänzlich verschieden, sie führen auch eine andere Lebensweise. Die Raupen der meisten Schmetterlingsarten zum Beispiel sind Pflanzenfresser mit speziellen, für diese Nahrung als Kauapparat ausgebildeten Mundwerkzeugen. Die erwachsenen Schmetterlinge ernähren sich hingegen ausschließlich von Blütennektar und haben für die Aufnahme dieser Flüssigkeit eigens einen langen Saugrüssel ausgebildet (s. auch Seite 26/27).

Verwandtschaft und stammesgeschichtliche Entfaltung

Die Insekten sind eine stammesgeschichtlich und erdgeschichtlich uralte Gruppe. Bereits aus dem mittleren Devon (vor ca. 380 Millionen Jahren) kennt man Fossilien, die ihnen zugeordnet werden können. Im Karbon (vor ca. 360 - 290 Millionen Jahren) und vor allem im Perm (vor ca. 290 - 245 Millionen Jahren) sowie im Erdmittelalter (vor ca. 245 - 65 Millionen Jahren) ist eine artenreiche Insektenfauna fossil gut belegt. Während sich im frühen Tertiär (vor ca. 50 Millionen Jahren) die Säugetiere gerade zu entfalten begannen, ist die Evolution der Insekten in dieser Zeit in ihren wesentlichen Zügen bereits abgeschlossen. Die Insektenfossilien des baltischen Bernsteins (Frühtertiär) stimmen mit heute lebenden Arten oft bis ins Detail überein. Die nächsten Verwandten der Insekten sind die Tausendfüßer *(Myriapoda)*. Auch sie atmen mit Hilfe von Tracheen. Die gemeinsame Wurzel beider Gruppen liegt bei wasserlebenden, krebsartigen Tieren. Alle zusammen, Krebse *(Crustacea)*, Insekten und Tausendfüßer, sind ihrerseits mit den Spinnentieren *(Chelicerata)* und den Trilobiten *(Trilobitomorpha)* verwandt und werden mit ihnen zu den Gliederfüßlern *(Arthropoda)* zusammengefaßt.

Die ursprünglichsten heute lebenden Insekten sind die Urinsekten, kleine, meist nur wenige Millimeter messende Tiere. Sie sind noch flügellos, die meisten Arten leben im Boden und an der Bodenoberfläche. Hierher gehören zum Beispiel die Springschwänze *(Collembola)*, die wohl jeder schon einmal im Blumentopf als kleine weiße „Springer" gesehen hat.

Spätestens im Karbon, also vor 360 Millionen Jahren, wurden die Flügel entwickelt und damit eine wesentliche Vorbedingung für die Eroberung des Luftraums erfüllt. Die ursprünglichsten heute lebenden geflügelten Insekten sind die Eintagsfliegen *(Ephemeroptera)* und die Libellen *(Odonata)*. Charakteristisch für sie ist, daß sie ihre Flügel nicht über dem Hinterleib zusammenlegen können. Sie tragen sie entweder im rechten Winkel vom Körper abgespreizt oder nach oben senkrecht über den Körper zusammengeschlagen. Man faßt diese beiden Gruppen deshalb zu den Palaeoptera zusammen, was „die mit den ursprünglichen Flügeln" bedeutet. Erst in einem weiteren Evolutionsschritt wurden Gelenke und Muskeln entwickelt, die es erlauben, die Flügel waagerecht über den Körper nach hinten zu legen, wie es für die meisten Insekten (Neoptera, „die mit den neuen Flügeln") typisch ist. Hierher gehören nun eine Fülle von Insektengruppen, deren Beschreibung den Rahmen dieses Buches bei weitem sprengen würde. Es seien deshalb nur alle jene Ordnungen genannt und kurz charakterisiert, die hier in diesem Buch erwähnt werden.

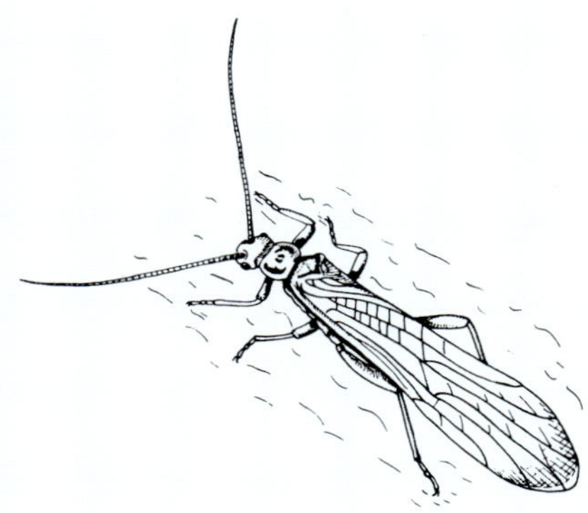

Steinfliege *(Nemoura spec.)*, ca. 10 mm.

Palaeoptera
Steinfliegen (Plecoptera)
Steinfliegen sind eine ursprüngliche Insektengruppe mit ca. 2.000 Arten. Die Imagines werden 3 - 5 cm groß und besitzen vier Flügel. Die Larven leben in Fließgewässern. Manche Arten ernähren sich von Pflanzen, andere räuberisch auf und unter Steinen. Einige Vertreter werden für die Beurteilung der Gewässergüte herangezogen, da sie sauberes und sauerstoffreiches Wasser benötigen.

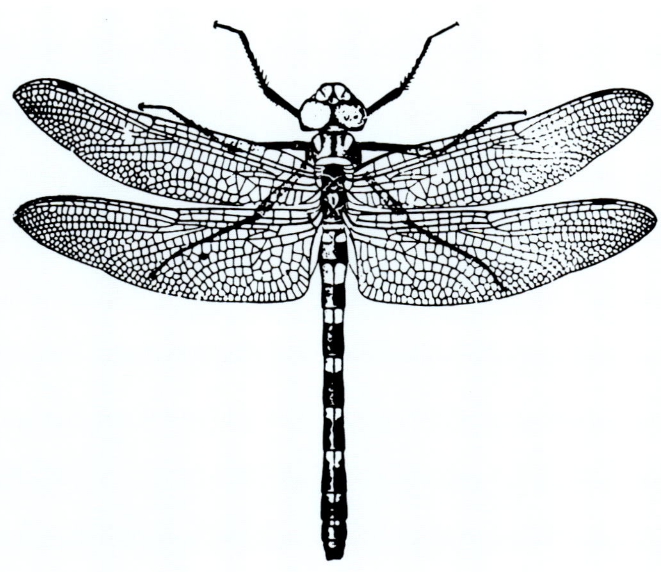

Großlibellen (Anisoptera)

Libellen (Odonata)

Es handelt sich ebenfalls um eine ursprüngliche Insektengruppe mit ca. 3.700 Arten (in Mitteleuropa ca. 100). Typisch sind der lange, schlanke, bis zu 13 cm große Körper und die vier häutigen Flügel, die in der Ruhe seitlich abgespreizt oder senkrecht nach oben gehalten werden. Der Kopf ist sehr beweglich und mit großen Komplexaugen ausgestattet. Das Balz-, Paarungs- und Eiablageverhalten („Paarungsrad") ist äußerst kompliziert. Libellenlarven leben in stehenden und fließenden Gewässern. Sowohl die Larven als auch die Imagines sind Räuber.

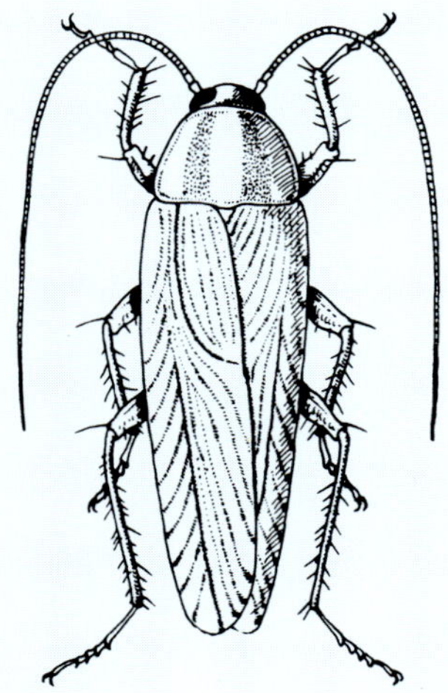

Schabe (*Blatella germanica*, Männchen)

Neoptera mit hemimetaboler Entwicklung

Schaben (Blattaria)

Bekannt sind ca. 3.000 Arten. Vor allem in den Tropen sind die Schaben artenreich vertreten. Einige Arten, wie die Küchenschabe, sind in menschlichen Behausungen weltweit verbreitet. Die Größe schwankt zwischen 2 mm und 10 cm. Typisch ist der abgeflachte Körper. Die Vorderflügel sind zum Schutz der dünnhäutigen Hinterflügel verstärkt. Schaben sind Allesfresser.

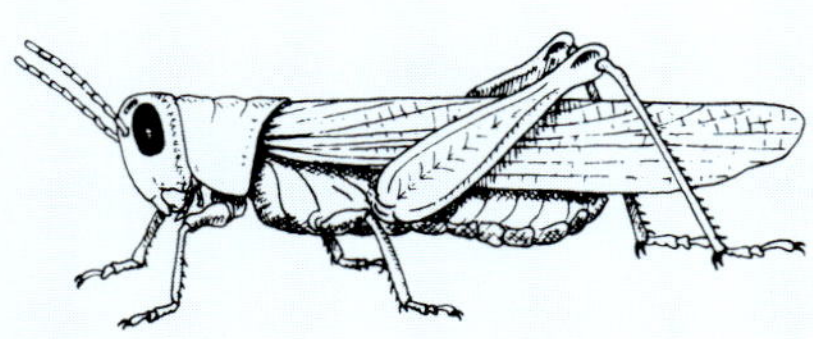

Feldheuschrecke (Acrididae)

Heuschrecken (Saltatoria)

Aus der Gruppe der Heuschrecken sind ungefähr 20.000 Arten beschrieben, davon kommen nur 80 in Mitteleuropa vor. Die Körpergröße reicht von 15 mm bis 20 cm. Die verlängerten Hinterbeine stellen oft Sprungbeine dar, die Vorderflügel sind meist derb und liegen über den gefalteten Hinterflügeln. Auf unterschiedlichste Art werden Töne und Gesänge erzeugt, die beim Balzverhalten von großer Bedeutung sind. Heuschrecken sind Pflanzenfresser oder Räuber. Zu den Saltatoria zählt man auch die Laubheuschrecken, die Feldheuschrecken und die Grillen.

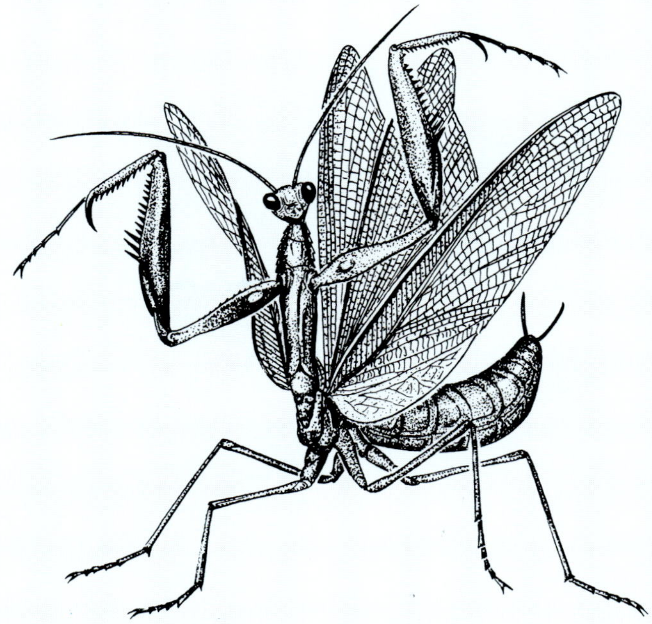

Gottesanbeterin *(Mantis religiosa)*

Fangschrecken (Mantodea)

Bekannt sind ca. 1.800 Arten, die meist in warmen Klimaten beheimatet sind. In Mitteleuropa sind die Fangschrecken nur durch die Gottesanbeterin *(Mantis religiosa)* vertreten. Charakteristisch ist für alle Fangschrecken das zu zwei Fangbeinen umgestaltete erste Beinpaar, mit dem die Beute gegriffen wird.

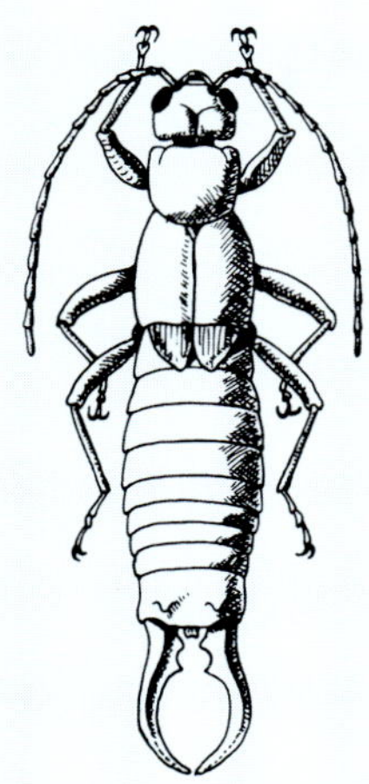

Ohrwurm *(Forficula auricularia)*

Ohrwürmer (Dermaptera)

Ohrwürmer sind mit ca. 1.500 Arten vor allem in den Tropen weit verbreitet. Die Körpergröße liegt zwischen 5 mm und 5 cm. Die Vorderflügel sind zu kleinen Deckflügeln umgewandelt, welche die großen, kompliziert zusammengefalteten Hinterflügel abdecken. Typisch sind Zangen am Hinterende, die bei Abwehr und bei der Paarung sowie beim Beutefang und dem Falten der Flügel eingesetzt werden. Oft ist ein Brutpflegeverhalten entwickelt. Ohrwürmer sind nachtaktiv und leben sowohl räuberisch als auch von Pflanzen.

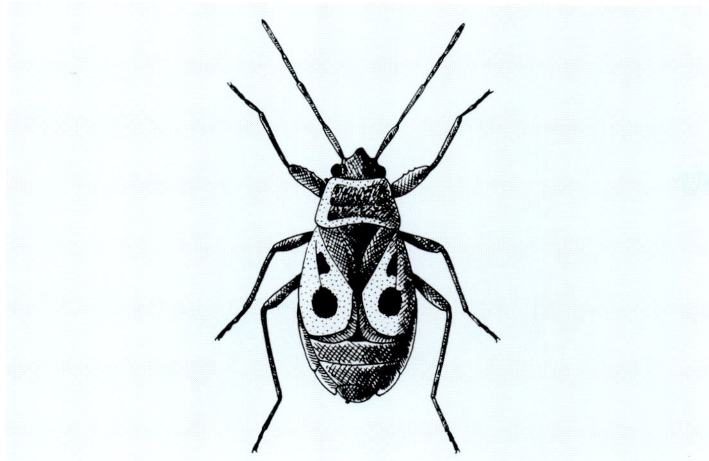

Feuerwanze *(Pyrrhocoris apterus)*

Wanzen (Heteroptera)
Eine weltweit verbreitete Gruppe mit ca. 40.000 Arten, davon sind in Deutschland etwa 800 bekannt. Die Körpergröße schwankt zwischen 1 mm und 10 cm. Sie sind mit saugenden Mundwerkzeugen in Form eines Stechrüssels ausgestattet. Pflanzliche und tierische Säfte dienen als Nahrung. Charakteristisch sind die Vorderflügel, die harte Basalabschnitte und häutige Endabschnitte aufweisen.

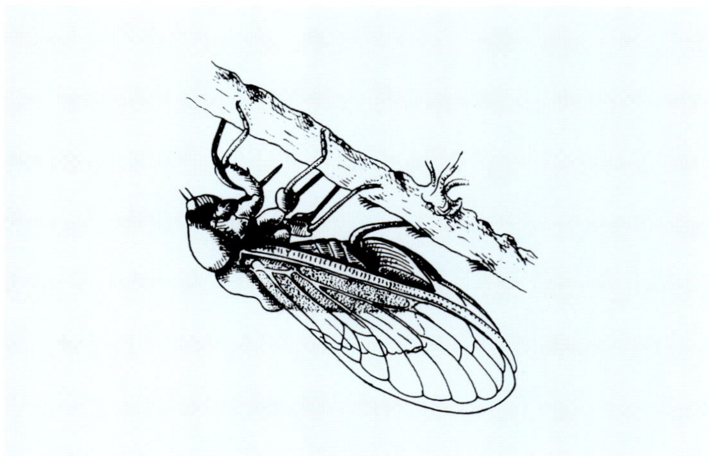

Singzikade bei der Eiablage

Zikaden (Cicadina)
Mit 30.000 beschriebenen Arten, die vor allem in den Tropen und Subtropen vorkommen, stellen die Zikaden eine artenreiche Insektengruppe dar. In Mitteleuropa sind ca. 500 Arten bekannt. Die Körpergröße liegt zwischen 2 mm und 7 cm. Sie besitzen stechend-saugende Mundwerkzeuge, und die Nahrung besteht ausschließlich aus Pflanzensaft. Die Flügel sind weich und werden in Ruhe stets dachförmig über dem Hinterleib getragen. Viele Arten können Laute erzeugen.

Blattläuse (Aphidina)
Bekannt sind ca. 2.000 Arten (in Mitteleuropa ca. 750). Sie sind mit einem Saugrüssel ausgestattet, die Nahrung besteht ausschließlich aus Pflanzensäften. Oft befinden sich röhrenförmige Anhänge am Hinterleib. Die Fortpflanzung ist äußerst kompliziert. Teilweise entwickeln Blattläuse sich aus unbefruchteten Eiern (Parthenogenese). Viele Arten sind lebendgebärend.

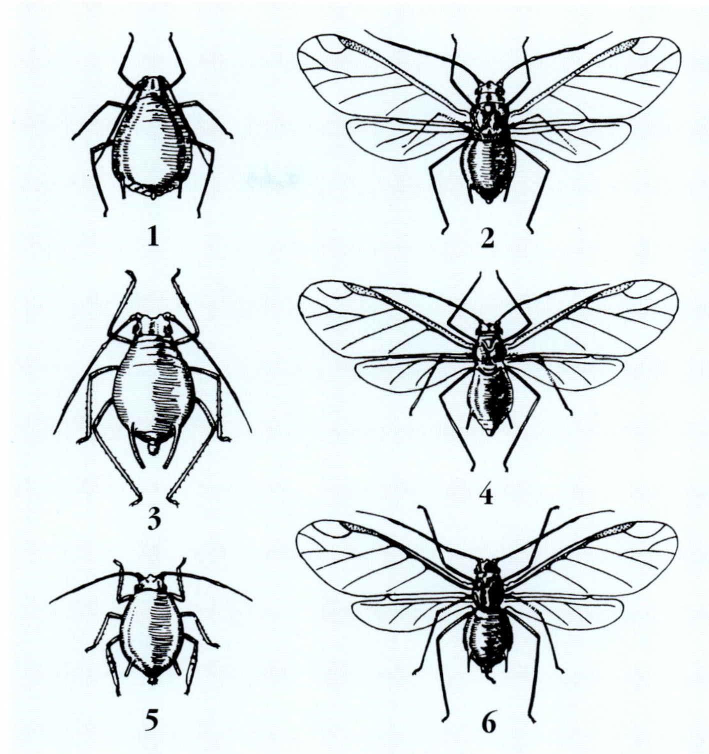

Die verschiedenen Erscheinungsformen der Blattlaus. ❶ Migrans-Frühling, ❷ Fundatrix-Frühling, ❸ ungeflügelte Virgo-Sommer, ❹ geflügelte Sexupare, ❺ Sexualis (Weibchen), ❻ Weibchen.

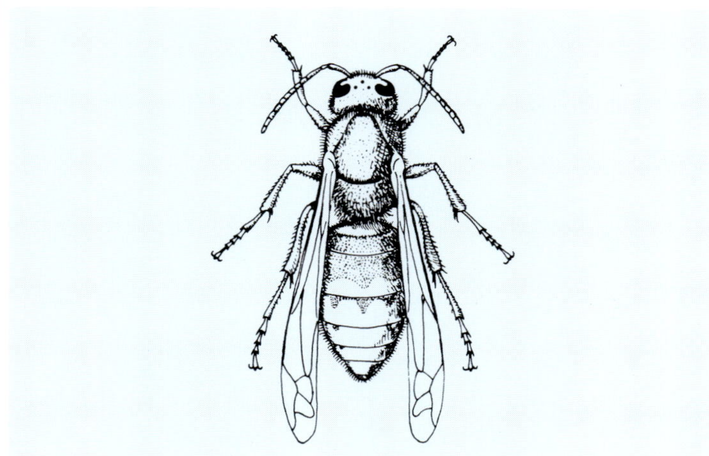

Hornisse (*Vespa crabro,* Weibchen)

Neoptera mit holometaboler Entwicklung
Hautflügler (Hymenoptera)
Mit über 100.000 bekannten Arten (in Mitteleuropa ca. 10.000) handelt es sich um eine der artenreichsten Insektengruppen. Die Körpergröße liegt zwischen 0,1 mm und 6 cm. Typisch sind die zwei Paar häutigen Flügel und ein hartgepanzerter Körper. Die ursprünglichen Arten besitzen kauend-beißende Mundwerkzeuge, abgeleitete Arten haben Saugrüssel entwickelt. Die Nahrung kann je nach Gruppe sehr unterschiedlich sein. Auch die Lebensweise der Larven ist äußerst verschieden. Es besteht eine Tendenz zur Staatenbildung. Die bekanntesten Vertreter (Bienen, Wespen und Ameisen) gehören zu den „Stechimmen". Bei diesen ist der Legeapparat zu einem Giftstachel umgebildet. Da ein Legeapparat nur im weiblichen Geschlecht ausgebildet ist, können folglich nur die Weibchen stechen. Es ist also keine große Mutprobe, ein Hornissenmännchen mit der Hand zu fangen. Die Kunst ist nur, dieses vorher sicher vom Weibchen zu unterscheiden!

Schwebfliege *(Syrphus ribesii)*

Zweiflügler (Diptera)
Bekannt sind ca. 80.000 beschriebene Arten, mit einer Körpergröße zwischen 0,2 mm und 5 cm. Die Verbreitung ist weltweit. Charakteristisch sind ein Paar Flügel (die Hinterflügel sind zu kleinen beweglichen Kölbchen [Halteren] umgebildet, die bei der Flugstabilisierung eine Rolle spielen). Dipteren leben von Pflanzensäften, als Räuber oder als Blutsauger. Gleichfalls gibt es Kot- und Aasfresser. Die beinlosen, als Maden bezeichneten Larven kommen in allen erdenklichen Lebensräumen vor. Dipteren werden in zwei große Gruppen unterteilt: Mücken *(Nematocera)* und Fliegen *(Brachycera)*.

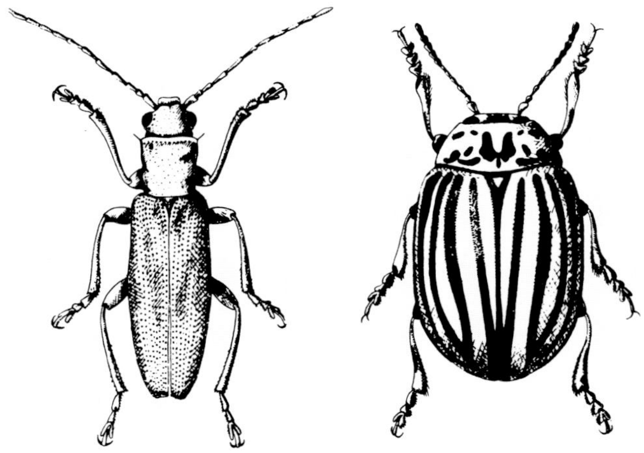

Schilfkäfer *(Donacia simplex)* und Kartoffelkäfer *(Leptinotarsa decemlineata)*

Käfer (Coleoptera)
Mit ca. 600.000 beschriebenen Arten (in Mitteleuropa ca. 8.000) sind die Käfer die artenreichste Insektengruppe. Sie sind über alle Lebensräume der gesamten Erde verbreitet. Das Größenspektrum reicht von 0,2 mm bis zu 20 cm. Der Körper ist meist stark gepanzert und mit harten, dem Schutz dienenden Vorderflügeln (Elytren) und häutigen Hinterflügeln versehen. Ein weiteres, charakteristisches Merkmal der Käfer ist der Besitz des sogenannten Halsschildes. Hierbei handelt es sich um den schildförmig erweiterten ersten Brustring. Die Lebensweisen sowohl der Adulten als auch der Larven sind sehr vielfältig.

Großer Perlmutterfalter *(Mesoacidalia charlotta)*

Schmetterlinge (Lepidoptera)
Mit über 160.000 bekannten Arten sind die Schmetterlinge eine vor allem in den Tropen verbreitete Gruppe. Die Spannweite der Flügel liegt zwischen 2 mm und 30 cm. Erwachsene Tiere besitzen zwei Paar beschuppte Flügel. Die Mundwerkzeuge sind zu einem hochspezialisierten Saugrüssel umgebildet, die Nahrung besteht meist aus Nektar. Die Larven sind Raupen mit kauenden Mundwerkzeugen. Ihre Nahrung besteht hauptsächlich aus Pflanzenteilen.

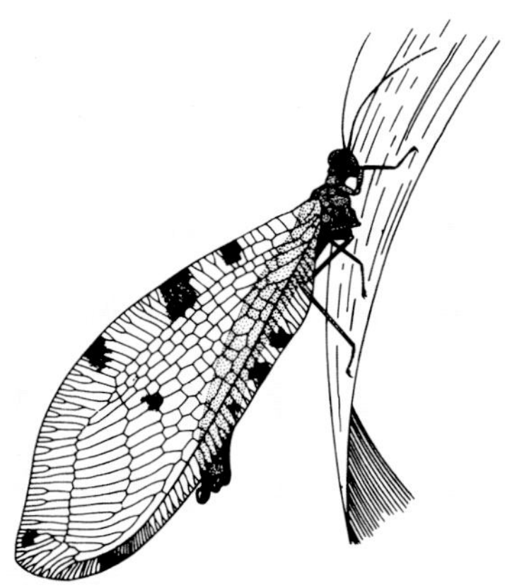

Bachhaft (*Osmylus fulvicephalus*, Männchen) in Lockstellung.

Netzflügler (Planipennia)
Eine kleine Gruppe, von deren ca. 5.000 bekannten Arten nur wenige in Mitteleuropa vorkommen. Die Körperlänge schwankt zwischen 2 mm und 8 cm. Charakteristisch sind zwei Paar zarte Flügel, die reich netzartig geadert sind und in der Ruhe dachförmig zusammengelegt werden können (Spannweite bis zu 16 cm). Die Larven und Imagines leben räuberisch. Die wichtigsten Gruppen sind: Florfliegen, Ameisenjungfern (Larve als Ameisenlöwe bekannt) und Haften.

Panzer und Häutung

Häutet sich ein Insekt während seiner postembryonalen Entwicklung oder schlüpft es aus der Puppe, ist der gesamte Körper zunächst vollkommen hell, weich und elastisch. Oft erst nach Stunden, in welchen sich das Tier kaum bewegt, ist das gepanzerte, ausgefärbte Insekt fertig. In dieser Zeit laufen in der von den Hautzellen (Epidermiszellen) nach außen abgegebenen toten Sekretschicht, der Kutikula, äußerst komplizierte chemische Prozesse ab.

Die Kutikula selbst ist aus zwei Hauptschichten aufgebaut, der Epi- und Prokutikula. Diese ihrerseits bestehen wieder aus etlichen Untereinheiten. Die Epikutikula ist nach außen von einer Wachsschicht und einer Zementschicht überzogen, die beide zusammen einen sehr effektiven Schutz gegen die Verdunstung und gegen Einflüsse von außen darstellen. Sie enthält niemals

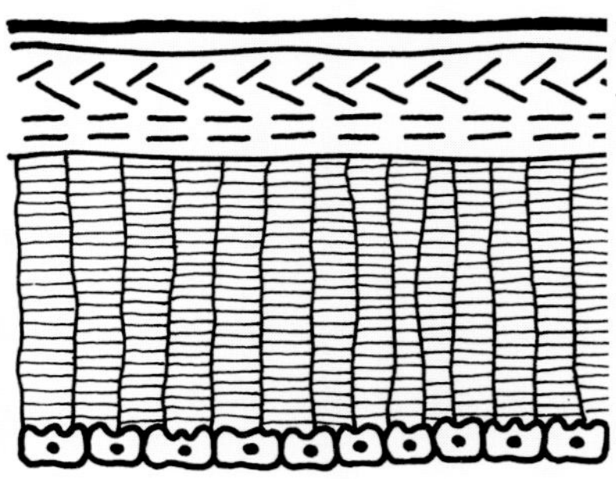

Schema der Insektenkutikula

Chitin. Dieses stickstoffhaltige Polysaccharid ist der Hauptbestandteil der Prokutikula. Die langen, kettenförmigen Moleküle des Chitins sind zu Untereinheiten zusammengelagert, die nochmals zu größeren Fibrillenbündeln zusammengefaßt sind. Diese wiederum sind schichtweise verschieden ausgerichtet und gewährleisten durch diese Anordnung die hohe Elastizität des Chitins. Das Chitin selbst ist nochmals in eine Grundmasse aus Proteinen (Arthropodin) eingelagert, die zumindest in ihrer äußersten Lage gehärtet sind. Diese Härtung durch das Protein Sklerotin, mit der das Dunkelwerden der Kutikula einhergeht, ist ein wichtiger chemischer Prozeß bei der Ausbildung des Panzers, den man Gerbung oder Sklerotisierung nennt. Unter der Einwirkung von Sauerstoff wird dabei die Proteinmatrix umgebaut und mit dem Chitin vernetzt. Zusätzlich wird oft noch Farbstoff (z. B. Melanin) in diese Schicht eingebaut. Das Ergebnis ist ein starres, hartes, dunkelgefärbtes und wasserunlösliches dreidimensionales Gebilde. Da der Insektenpanzer sich aus sklerotisierten Platten und Röhren und nichtsklerotisierten Gelenkbereichen zusammensetzt, ergibt sich eine hohe Beweglichkeit des Körpers – trotz des gutentwickelten massiven Außenskeletts. An besonders stark beanspruchten Stellen, z. B. in den Flügelgelenken, im Schmetterlingsrüssel, in Sprunggelenken oder in den Sehnen, spielt ein weiteres Protein, das Resilin, eine wichtige Rolle. Dieses wird im gequollenen Zustand gummiartig und hoch elastisch.

Eine Häutung kündigt sich zunächst durch eine vermehrte Teilungsaktivität der Hautzellen an. Dann trennt sich die nun aufgefaltete Haut von der alten Kutikula und gibt in den entstehenden Spalt die neue Kutikula ab. Die alte Kutikula nennt man von jetzt an Exuvie (s. Seite 105). Ihre inneren Schichten werden aufgelöst vom Insekt aufgenommen und die Stoffe wiederverwertet. Beim Häutungsakt platzt die dünne Exuvie an vorgegebenen Bruchstellen (Häutungsnähten) auf, und das Tier kann durch den entstehenden Schlitz nach außen schlüpfen. Dabei werden auch die mit Chitin ausgekleideten Tracheen sowie der Vorder- und der Enddarm mitgehäutet. Zurück bleibt die tote Exuvie. Nun muß das Insekt sein Volumen vergrößern, indem es große Mengen an Luft oder Wasser schluckt. Die Haut und die Kutikula werden dadurch gedehnt und geglättet. Dieser Prozeß kann nur stattfinden, bevor die Sklerotisierung, das Erhärten, abgeschlossen ist. Erst wenn das Außenskelett vollständig gehärtet ist, ist das Insekt wieder „voll einsatzfähig" und kann erneut sein aktives Leben fortsetzen.

Atmen im Wasser

Insekten sind Landtiere. Mit ihrem Tracheensystem sind sie darauf eingerichtet, atmosphärischen Sauerstoff aufzunehmen. Dieser wird über die verzweigten Röhrchen, die den ganzen Körper durchziehen, bis an jedes einzelne Organ herangeführt.

Viele Insekten, Larven und auch erwachsene Tiere, haben den Lebensraum Süßwasser besiedelt. Im Meer gibt es keine Insekten, wohl deshalb, weil dort die Gruppe der Krebse eine ungeheure Artenvielfalt entwickelt hat und eine zu starke Konkurrenz darstellt.

Die Besiedlung des Süßwassers ist aber auch dadurch möglich geworden, daß die Insekten einen nahezu wasserundurchlässigen Panzer entwickelt haben, der das ständige Eindringen von Wasser in den Körper und das Austreten von Ionen aus dem Körper heraus verhindert. Außerdem haben manche Arten es geschafft, auch in Wasser gelösten Sauerstoff aufzunehmen.

Bei vielen im Wasser lebenden Larven sind die Atemöffnungen (Stigmen) verschlossen. Sie nehmen den Sauerstoff über Aussackungen der Körperoberfläche auf, die extrem dünnwandig sind und in deren Innerem viele reichverzweigte, blind endende Tracheenäste verlaufen. Diese Situation findet sich bei den Larven vieler Eintagsfliegen *(Ephemeroptera)* und Köcherfliegen *(Trichoptera)*. Sie besitzen entweder plättchenförmige oder fadenförmige „Tracheenkiemen".

Eine andere Möglichkeit ist die Atmung über den Darm, wie sie bei vielen Libellenlarven vorkommt: Im Enddarm verlaufen drei bis sechs Falten, die sich ihrerseits wieder in Hunderte von Sekundärfältchen aufwölben können. Diese Falten sind reich mit Tracheen versorgt und bilden richtiggehende Darmkiemen. Die Kutikula ist in diesem Bereich sehr zart, so daß Sauerstoff und Kohlendioxid leicht durch sie hindurch diffundieren können. Mit Hilfe einer kräftigen Muskulatur wird rhythmisch verbrauchtes, also sauerstoffarmes Wasser über den After ausgestoßen bzw. frisches Wasser eingesogen. Manche kleinen Insektenlarven, besonders solche, die in sauerstoffreichen Gewässern wie in Bergbächen leben, nehmen den Sauerstoff direkt über dünnwandige Bereiche an der Körperoberfläche auf, betreiben also eine Hautatmung.

Viele Insekten leben zwar im Wasser, sind aber in bezug auf ihre Atmung Landtiere geblieben. Sie können weiterhin im wesentlichen nur atmosphärischen Sauerstoff aufnehmen. Beispiel hierfür sind die meisten Wasserkäfer und Wasserwanzen, aber auch viele Larven und Puppen. Sie alle hängen zum Luftschöpfen ständig oder zeitweise mit bestimmten, von Gruppe zu Gruppe verschiedenen Körperstellen an der Oberfläche fest. Andere nehmen einen Luftvorrat mit unter Wasser.

Nach der ersten Methode verfahren die Wasserskorpione *(Nepidae)*, so genannt, weil sie von skorpionsähnlicher Gestalt sind. Sie gehören jedoch zu den Wasserwanzen (s. Seite 50 und 98). Auch in den mitteleuropäischen Gewässern findet man diese etwa 2,5 cm großen Insekten häufiger. Mit einem langen, aus Hinterleibsanhängen bestehenden Atemrohr (Schnorchel) durchstößt die Wanze die Oberfläche und schafft so eine trockene Verbindung nach außen. Über die Röhre wird durch ein Rinnensystem am Körper den Stigmen Luft zugeführt. Entsprechende Atemrohre besitzen die Stabwanzen *(Ranatra)* und die in Mitteleuropa nicht vorkommenden Riesenwasserwanzen *(Belostomatidae)*.

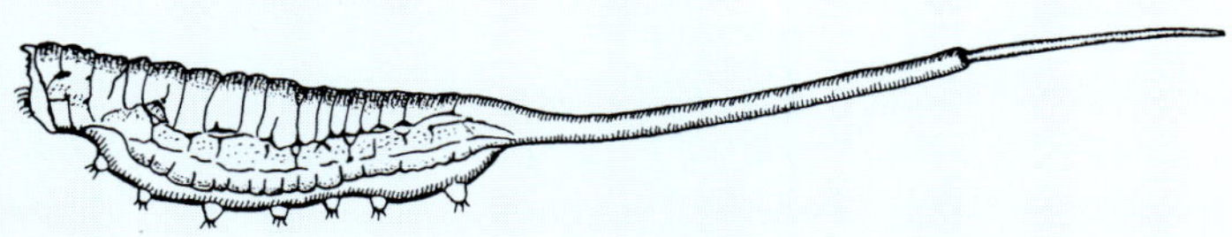

Rattenschwanzlarve *(Myathropa florea)*. Länge ohne Atemrohr ca. 17 mm.

Atemröhren finden sich auch bei Larven. Der „Rattenschwanz" der sogenannten Rattenschwanzlarven dient dem gleichen Zweck. Allerdings ist bei diesen Fliegenlarven, im Gegensatz zu den gerade geschilderten Wanzen, der gesamte Hinterleib zu einem teleskopartig ausfahrbaren Gebilde verlängert, das am Ende ein Stigmenpaar zur Luftaufnahme und einen Kranz unbenetzbarer Fiederhaare zum Aufhängen an der Wasseroberfläche trägt. Bei 2 cm langen Larven läßt sich die Atemröhre bis zu 15 cm lang ausfahren. Die Rattenschwanzlarven gehören zu der Schwebfliegengattung *Eristalis* (Syrphidae), und leben vor allem in stark schlammigen, nährstoffhaltigen Gewässern. Man findet sie sogar in Jauchegruben und in Misthaufen. Nicht umsonst nennt man einen Vertreter der Gattung „Mistbiene", wobei sich die Bezeichnung Biene auf das bienenähnliche Aussehen des erwachsenen Insekts bezieht. Mit dem Körper wühlen die Larven im Schlamm nach Nahrung, während sie mit dem Hinterende an der Oberfläche hängen und dort atmen.

Auch die Larven der Stechmücken *(Culicidae)* holen über Atemröhren Luft. Sie sind leicht zu beobachten, weil die Weibchen in jedem noch so kleinen Tümpel, in Gartenteichen und Regentonnen ihre Eier ablegen, und die Larven sich dann dort rasch entwickeln. Während sie Luft holen, ragt ihr Körper mit dem dicken Kopf schräg ins Wasser hinein. Das Ende der Atemröhre liegt dabei mit einem gespreizten Haarkranz der Wasseroberfläche auf.

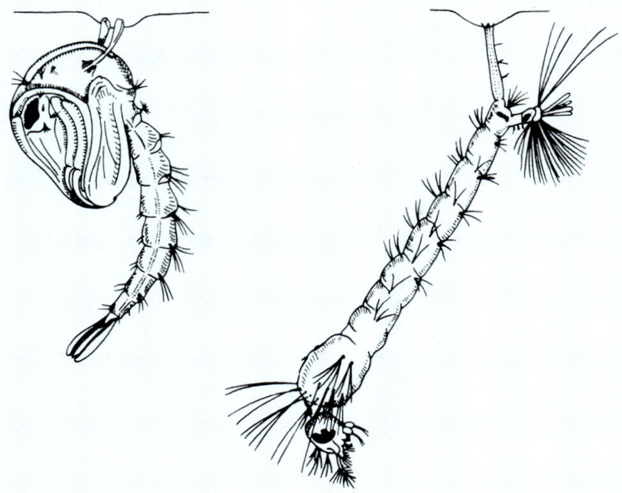

Stechmückenpuppe und Larve, jeweils an der Wasseroberfläche hängend.

Zu den Insekten, die einen Luftvorrat mit unter Wasser nehmen, gehört unter anderen die Gruppe der Schwimmkäfer *(Dytiscidae)*. Ihr prominentester Vertreter ist der große, räuberische Gelbrandkäfer *(Dytiscus)*, der bei uns in stehenden Gewässern lebt. Bei ihm liegen die Atemöffnungen am Rücken, öffnen sich also in den Raum unter den Flügeln. Dort wird eine große Luftblase mitgeführt, die von Zeit zu Zeit erneuert werden muß. Hierzu schwimmt der Käfer an die Wasseroberfläche, streckt sein Hinterende heraus und nimmt frische Luft in das Tracheensystem und unter die Flügel auf (s. Seite 99).

Viele kleinere verwandte Arten stülpen am Körperhinterende eine Gasblase aus, aus der sie Kohlendioxid ins freie Wasser abgeben und Sauerstoff aus ihm aufnehmen können. Gasblase und Luftresevoire dienen neben der Atmung auch noch als hydrostatische Apparate.

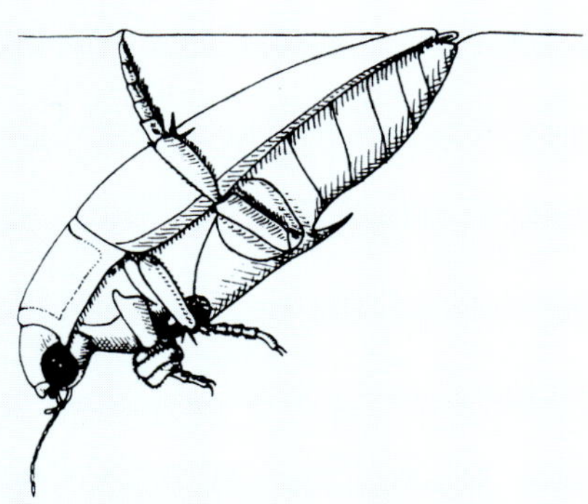

Gelbrandkäfer (*Dytiscus marginalis*, Männchen) beim Luftschöpfen.

Der dem Gelbrandkäfer auf den ersten Blick ähnliche, aber nicht mit ihm verwandte Große Kolbenwasserkäfer (*Hydrophilus*, in Mitteleuropa *Hydrous*), trägt in samtartig behaarten Flächen seinen Luftvorrat vor allem an der Bauchseite mit sich. Durch die Totalreflexion der Luft kommt der silbrigglänzende Überzug an der Unterseite des Käfers zustande, den man auch bei vielen anderen Wasserinsekten beobachten kann. Besonders interessant ist die Art und Weise, in der Kolbenwasserkäfer Luft schöpfen. Der

Käfer kommt hierzu mit dem Kopf an die Wasseroberfläche. Zwischen der Außenluft und den Stigmen des Brustabschnitts wird mit Hilfe der aus dem Wasser gestreckten Fühler und einer behaarten Rinne beiderseits am Kopf ein Rohr gebildet, durch das Luft auf die Unterseite geleitet wird.

Der Rückenschwimmer, eine Wasserwanze wie Wasserskorpion und Stabwanze, benützt dieselbe Methode. Er führt ebenfalls an der Bauchseite einen von Haaren gehaltenen Luftfilm mit sich. Der dadurch entstehende Auftrieb ist so groß, daß das Insekt mit der Bauchseite nach oben schwimmt (Name!).

Viele dieser Luftreservoire müssen von Zeit zu Zeit erneuert werden. Ihr Volumen nimmt ständig ab, denn der ebenfalls darin enthaltene Luftstickstoff tritt recht schnell ins Wasser über und läßt die Blase schrumpfen. Mit schwindender Oberfläche wird der Gasaustausch immer geringer. Einige Insektengruppen haben es aber geschafft, auch in diesem Punkt von der Außenluft unabhängig zu werden. Die Vertreter der Hakenkäfer *(Elminthidae)*, die in sauerstoffreichen, kalten Fließgewässern leben, verbringen ihre Puppenzeit an Land. Der frischgeschlüpfte Käfer sucht sofort das Wasser auf, um dort sein Leben als erwachsenes Tier zu beginnen. Dabei nimmt er im Tracheensystem, dessen Stigmen an der Bauchseite unter einem feinen Haarbesatz (Plastron) liegen, einen Luftvorrat mit. Dieser reicht aber für das gesamte Leben aus. Die Haare sind so dicht, und ihre Spitzen sind so gebogen, daß nur wenig Kontaktfläche zwischen Luft und Wasser vorhanden ist.

Nun muß man sich fragen, wie denn dieser Luftvorrat regeneriert wird. Hierzu haben diese Käfer ein erstaunliches Verhalten entwickelt: Von Zeit zu Zeit bürstet das Tier mit den Vorderschenkeln eine Luftblase aus dem Plastron und knetet sie mit den Vorderbeinen richtiggehend durch. Sauerstoff und Kohlendioxid können so ausgetauscht werden. Anschließend wird die Gasblase wieder zurückbefördert. Manche Arten holen sich auch die Sauerstoffbläschen, die bei der Photosynthese an Wasserpflanzen entstehen, und drücken sie in ihr Plastron. Mit der Entwicklung dieser Verhaltensweisen und der spezifischen Haarstruktur des Plastrons sind die Hakenkäfer völlig von der Außenluft unabhängig geworden (s. Seite 99).

Krebse auf Landgang

Im Gegensatz zu den meisten in diesem Buch behandelten Tieren, gehört die Rollassel *(Armadillidium vulgare)* nicht zu den Insekten, sondern zu den Krebsen (s. Seite 14/15). Sie ist eine in Mitteleuropa überall häufige und weitverbreitete Landassel.

Die Domäne der Krebse ist in der Regel das Wasser. Tausende der Arten leben im Meer, viele im Süßwasser. Sie sind an den Lebensraum Wasser in optimaler Weise angepaßt. Dies gilt auch für die Mehrzahl der Asseln. Um so erstaunlicher ist es, daß nicht gerade wenige Asselarten an Land leben, weit ab vom Wasser, einige Arten sogar in der Wüste vorkommen. Um die Bedingungen des Landlebens meistern zu können, waren in der Evolution dieser Tiere vielfältige Anpassungen in der Physiologie, im Verhalten und im Körperbau nötig, von denen einige wenige hier vorgestellt werden sollen.

Ein großes Problem für landlebende Tiere ist der ständige Wasserverlust durch die Verdunstung. Insekten haben dagegen einen effektiven Schutz entwickelt, der ihnen hilft, diese an der Körperoberfläche gering zu halten. Sie sondern eine Wachsschicht ab, die den gesamten Körper überzieht. Einen solchen Schutz haben die Asseln aber nie entwickelt. Aus diesem Grund wird man sie in der Regel nicht am Tag aktiv beobachten können. Sie sind in die Nacht „ausgewichen". Tagsüber bleiben sie geschützt unter Steinen, in der Streu oder in selbstgegrabenen Gangsystemen in der Erde verborgen. Einige Arten leben in Höhlen oder in „künstlichen Höhlen", so in Kellern und unter Steinen.

Viele wasserlebende Tiere nehmen den für die Stoffwechselvorgänge lebensnotwendigen Sauerstoff direkt aus dem Wasser über Kiemen auf. Das sind dünnhäutige, verzweigte Anhänge, die bei den Krebsen meist an der Basis bestimmter Beine zu finden sind. Bei den Asseln tragen die Beine des Hinterleibs je zwei flächige, plattenartige Gebilde, die sich gegenseitig und mit den Kiemen der jeweils davor und dahinter liegenden Extremität überdecken. Auch die Landasseln atmen über Kiemen. Da diese stets feucht gehalten werden müssen, um funktionstüchtig zu sein, sind viele Arten darauf angewiesen, in der Nähe von Wasser zu leben. Beste Beispiele hierfür sind die Strandasseln *(Ligia italica)* am Mittelmeer und *Ligia oceanica* am Atlantik. Sie kommen überall in der Spritzwasserzone vor, wo es genügend Feuchtigkeit gibt. Arten, die man weiter landeinwärts findet, leben meist an Stellen mit hoher Luftfeuchtigkeit, z. B. in feuchten Wäldern, im Moos und unter Steinen. Bei ihnen ist ein Deckel ausgebildet, der die am Körper anliegenden Kiemenplättchen vor Verdunstung schützt und nach unten hin einen Raum abschließt, in dem sich das Wasser halten kann. Die Mauerassel *(Oniscus asellus)* und viele andere Landasseln können also auch in trockeneren Biotopen leben.

Sie verfügen zudem über eine doppelte Sauerstoffversorgung. Mit Hilfe eines raffinierten Rinnensystems auf ihrem Körper, das Exkretflüssigkeit vom Rücken zwischen die Beine und somit zu den Kiemen fließen läßt, wird ständig für ausreichende Feuchtigkeit in der Kiemenkammer gesorgt. Auf diese Weise wird zusätzlich während der Rückenpassage in dieser Flüssigkeit gelöster Sauerstoff genutzt. Obendrein kann an extrem dünnhäutigen Kiemenfalten auch atmosphärischer Sauerstoff in die Körperflüssigkeit aufgenommen werden. Die höchste Entwicklung in bezug auf die Aufnahme von atmosphärischem Sauerstoff zeigen die Kellerassel *(Porcellio scaber)* und die Rollassel *(Armadillidium vulgare)*. In einem Teil ihrer Kiemenplättchen sind luftgefüllte Kammern ausgebildet, die mit einem Porus nach außen münden. Durch die Luftfüllung erscheinen sie weiß (Totalreflexion) und werden deshalb als „weiße Körper" bezeichnet. Von diesen Luftsäcken gehen dünne, sich verzweigende Röhren aus, die in die Körperflüssigkeit reichen. So wurde bei den Asseln ein eigenes System zur Luftatmung ausgebildet, das sich vom Tracheensystem der Insekten aber unterscheidet.

Auch andere Teilgruppen der Krebse haben das Land erobert, nämlich die Landkrabben und die Landeinsiedlerkrebse. Beide haben das Problem der Atmung auf andere Weise gelöst, indem sie in sogenannten Atemkammern stark durchblutete innere Flächen ausbilden, die vermehrt Luftsauerstoff aufnehmen können. Die Kiemen sind dann verschieden weit zurückgebildet, bei manchen Landeinsiedlerkrebsen so stark, daß sie ertrinken, wenn man sie für längere Zeit untertaucht. Die Entwicklung ihrer Eier und Larven blieb jedoch weiterhin an das Wasser gebunden. Die Landasseln haben hier eine entscheidende Erfindung gemacht: Bei der Häutung zum geschlechtsreifen Tier bilden die Asselweibchen an der Basis der Beine in der Körpermitte hormonell bedingte Platten aus, die einen Brutraum am Bauch bilden (s. Seite 15). In diesen hinein werden die Eier gelegt, die sich dort in einer aus Wasser, aber auch aus Sekreten bestehenden Flüssigkeit entwickeln. Asseln tragen also ihre Jungen in einem körpereigenen „Aquarium“ mit sich herum, in dem auch die Larvalentwicklung vollzogen wird. Auf diese Weise sind sie auch bezüglich der Fortpflanzung völlig unabhängig vom Wasser geworden.

Leben im Dung

Haben Sie schon einmal auf einer Kuhweide einen noch relativ frischen Kuhfladen beobachtet und umgedreht? Wohl kaum, aber es lohnt sich! Ist der Fladen gut besiedelt, findet man dort Hunderte kleiner bis mittelgroßer Käfer, Fliegen und Larven. Der gesamte Kot ist von Gängen durchzogen, und oft sieht man auch Löcher mit Erdaushub neben oder unter ihm, die in Stollen unter die Erde hinabführen. Dazu muß man wissen, daß vor allem Pflanzenfresserkot noch große Mengen an für Säuger unverdaulichem, energiehaltigem Material enthält, welches von spezialisierten Organismen als Nahrung weiterverwertet werden kann. Exkremente von pflanzenfressenden Großtieren (Rinder, Schafe, Pferde usw.) stellen daher einen eigenen Lebensraum dar. Dieser ist dadurch charakterisiert, daß er nur kurzfristig zur Verfügung steht und sich im Laufe der Zeit verändert, z. B. durch Austrocknung, aber auch durch die Aktivität der Tiere, die ihn besiedeln. In diesem Lebensraum stellt sich schnell eine hochspezialisierte Lebensgemeinschaft ein, die sich aus Tieren zusammensetzt, die den Dung für sich und oft auch für ihre Nachkommen als Nahrung nutzen (s. Seite 118). Hinzu kommen räuberisch lebende Insekten, die sich das große Angebot an Beute zunutze machen.

Besonders gut untersucht sind die durch ihre Verhaltensweisen auffälligen Käfer aus der Familie der Blatthornkäfer *(Scarabaeidae)*. Zum einen fressen sie den Kot selbst, zum anderen bereiten sie ihn aber auch für ihre Larven als Nahrung auf. Bei verschiedenen Gattungen sind dabei bestimmte Verhaltensweisen bis hin zur Brutfürsorge für die Larven entwickelt.

Verschiedenste Arten der Dungkäfer *(Aphodius)* kommen, wie wohl alle mistbewohnenden Insekten, vom Geruch angelockt zum noch relativ frischen Kot. Dort nehmen sie Nahrung auf und paaren sich. Die Weibchen legen anschließend ihre Eier in den Dung und verlassen ihn dann. Wenn die Larven innerhalb weniger Tage geschlüpft sind, ernähren sie sich vom Mist und bleiben während ihrer gesamten, in kurzer Zeit ablaufenden Entwicklung, einschließlich der Puppenzeit, an diesem Ort. Allein in Mitteleuropa sind ca. 60 verschiedene Arten dieser Käfergattung bekannt. Sie messen nur wenige Millimeter, die größten Arten aber bis zu 1 cm. Ihr Körper ist länglich und hochgewölbt, meist braun oder schwarz. Manche Arten weisen noch rote oder gelbe Flecken auf. Die Vorderbeine sind zu kräftigen Grabbeinen mit verbreiterten Gliedern umgebildet. Diese Anpassung findet man bei vielen Insekten, die in einem Substrat, sei es Kot, sei es Erde, leben.

Ebenfalls häufig am Kot zu finden sind die Vertreter der Gattung *Onthophagus*. Ihr etwa 1 cm großer Körper ist rundlich gedrungen und meist schwarz oder braun gefärbt. Häufig tragen die Männchen Hörner und Höcker auf dem Kopf. Die Pärchen graben neben oder unter einem Dunghaufen mit den Vorderbeinen einen mehrere Zentimeter langen Gang in die Erde, wobei die Hauptarbeit das Weibchen leistet. Der Stollen zweigt sich meist auf und endet in mehreren blinden Brutkammern, die mit feuchtem Dung als Nahrung für die Larven gefüllt werden. In jede Brutkammer legt das Weibchen ein Ei ab. Die gesamte Entwicklung, einschließlich der Larven- und Puppenzeit, läuft in dieser Höhle ab.

Jedem bekannt sind die Mistkäfer *(Geotrupes)*, die in Mitteleuropa mit nur sieben Arten vertreten sind. Sie messen 1,5 – 2,5 cm und haben einen schwarzen oder metallisch blau oder grün glänzenden, hochaufgewölbten Körper. Je nach Art kann man sie zu verschiedenen Jahreszeiten, vor allem an windstillen Abenden, mit unüberhörbarem Brummen dicht über dem Boden fliegen sehen. Männchen und Weibchen legen zusammen in der Nähe von geeignetem Dung einen mehrere Dezimeter tiefen Hauptstollen mit einigen Nebenstollen an. Letztere werden mit jeweils einer festgestampften Dungwurst sowie einem Ei bestückt und anschließend wieder mit Erde verschlossen.

Besonders imposant sind die Mondhornkäfer. In Mitteleuropa gibt es nur eine einzige Art: *Copris lunaris*. Die Männchen sind mit 2 – 3 cm Körpergröße und ihrem langen, spitzen Horn auf dem Kopf leicht zu erkennen. Die Weibchen hingegen sind etwas kleiner und tragen nur ein kurzes Horn. Jeder Käfer legt im Frühjahr unter einem Exkrement in einer Höhlung einen Dungvorrat an, der seiner eigenen Ernährung dient. Zur Zeit der Paarung dringt ein Männchen in eine Weibchen-Höhle ein. Kommt es zur Paarbildung, fressen beide vom Vorrat und verteidigen die Höhle gegen Artgenossen. Die Höhle wird nun gemeinsam zur Bruthöhle ausgebaut: Erde wird ausgeschachtet, Dung herbeigeschafft und zu einem bis 180 g schweren Dungbrot verarbeitet. Nach ungefähr 8 Tagen teilt das Weibchen das Dungbrot und fertigt bis zu fünf birnenförmige Brutpillen, die jede mit einem Ei versehen und vom Weibchen während der gesamten Entwicklungszeit bis zum Schlüpfen der Jungkäfer (ca. 4 Monate) bewacht. Die Eier werden ständig kontrolliert und beleckt. Dadurch verhindert es

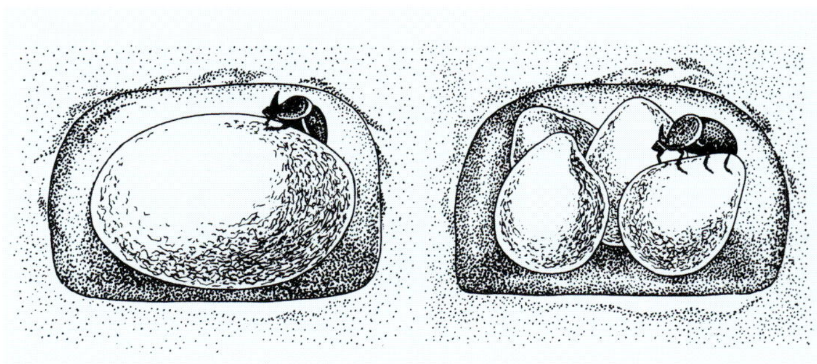

Brutbirnen des Blatthornkäfers *Copris hispanus*.

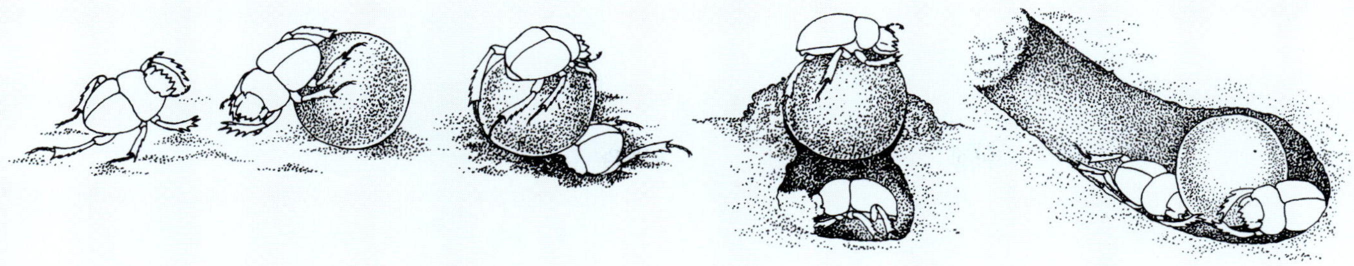

Eingraben einer Dungpille durch ein Pillendreher-Pärchen *(Scarabaeus semipunctatus)*

eine Verpilzung. Das Männchen wird manchmal in der Brutkammer geduldet, oft aber vertrieben.

Einer der bekanntesten Dungfresser ist der Pillendreher *(Scarabaeus)*, der, wenngleich er auch bei uns fehlt, im Mittelmeergebiet jedoch durch sein eigenartiges Verhalten auffällt und daher leicht zu beobachten ist. Pillendreher formen große Dungkugeln, die auf charakteristische Weise als Futter- und Brutpillen abtransportiert werden. Die Kugel wird vom Käfer dabei mit den Hinterbeinen gehalten und im Rückwärtsgang zur Höhle gebracht. Nicht immer bleibt der Käfer dabei ungestört, denn auf einer Weide halten sich häufig viele andere Käfer auf. Sowohl zwischen Individuen desselben Geschlechts als auch zwischen Männchen und Weibchen hat sich ein differenziertes Verhaltensrepertoire ausgebildet, das je nach den Umständen der Begegnung unterschiedlich abläuft. So kann es zwischen zwei Männchen oder zwei Weibchen zu Kämpfen um die Kugel kommen. Fertigt das Weibchen eine Brutpille, formt es aus der Kugel in der Höhle eine sich verjüngende Brutbirne, in deren oberem Teil eine Kammer für das Ei, bzw. die Larve, angelegt wird.

Pillendreher, vor allem der mehrere Zentimeter große Heilige Pillendreher *(Scarabaeus sacer)*, waren im alten Ägypten Sinnbild des Sonnengottes Re. Es gab einen regelrechten Skarabäuskult, der über die gesamte Zeit der ägyptischen Hochkultur mit nur geringen Abwandlungen fortbestanden hat. Die ersten Darstellungen dieser Käfer kennt man bereits aus der Zeit um 3000 v. Chr. Sie waren Symbole für die Wiedergeburt nach dem Tod, ja ganz allgemein für die Schöpfungskraft, und sie hatten zudem Bedeutung als Glücksbringer. Dies äußert sich auch darin, daß das Tragen von Skarabäusringen und -amuletten über lange Zeitspannen geradezu Mode gewesen sein muß. Noch heute sind Tausende von ihnen erhalten, und sie werden in den archäologischen Stätten rund um das Mittelmeer gefunden.

Merkwürdig ist die offensichtlich damals verbreitete Auffassung, die sich übrigens bis ins Mittelalter gehalten hat, daß Skarabäen keine Weibchen haben. Man glaubte, die Männchen geben ihr Sperma in die Mistkugel ab, und aus diesem allein würden sich die Jungkäfer entwickeln. So berichtet Aelianus, ein Schriftsteller des späten Roms, daß „die Streitbaren unter den Ägyptern Ringe mit eingravierten Käfern tragen und daß deshalb alle, die für das Land streiten, mannhaft sein müssen, da auch der Käfer nichts von weiblicher Natur hat".

Dieses sagenhafte Tier nahm neben seiner religiösen Bedeutung auch eine wichtige Stellung in der Volksmedizin ein. Geradezu barbarische Rezepte über seine Verwendung gegen die Hexerei sind überliefert. „Nimm einen großen Skarabäus, schneide ihm Kopf und Flügel ab, siede ihn, tue ihn in Öl und lege ihn auf. Danach koche seinen Kopf und seine Flügel, tue sie in Schlangenfett, siede es und lasse es den Patienten trinken."

War der Pillendreher in den alten Hochkulturen als Symbol des Guten verehrt, verkehrte sich im Mittelalter seine Bedeutung ins Gegenteil. Er galt nun vielmehr als Sinnbild des Sünders, da er in Mist und Gestank lebt und auch noch seine Nachkommen darin aufzieht. „Hieraus ersehen und erkennen wir deutlich, daß die Mistkäfer die Ketzer sind, befleckt mit dem Gestank der Ketzerei. Die Mistkugeln aber, welche aus dem Miste gebildet sind und welche jene hin und zurück auf der Erde wälzen, sind die schlechten Gedanken und Ketzereien, die aus Schlechtigkeit und Ruchlosigkeit entstanden sind". (Physiologus)

Ein Flug ins Ungewisse

Die Ölkäfer *(Meloidae)*, auch Blasenkäfer oder Pflasterkäfer genannt, sind vor allem in den Tropen weit verbreitet. Ihre Artenzahl beläuft sich auf ca. 2.500. In Mitteleuropa gibt es nur ca. 30 bekannte Arten. Davon gehören etwa die Häfte zur Gattung *Meloe*, deren Larven sich parasitisch in den Nestern von Wildbienen entwickeln. Die Nahrung der erwachsenen Käfer besteht aus Blättern recht unterschiedlicher Pflanzen, Pollen oder Nektar. Die meisten Arten lieben trockene, sonnenbestrahlte Orte wie Südhänge, Trocken- und Halbtrockenrasen sowie lichte und warme Waldränder. Beim Männchen sind noch Flügel ausgebildet, beim Weibchen jedoch meist stark reduziert. Beide Geschlechter sind flugunfähig.

Die Entwicklung ist hochspezialisiert und wird als Hypermetamorphose bezeichnet, da völlig unterschiedliche Larvenstadien ausgebildet werden. Das Weibchen legt seine Eier in einer kleinen, selbstgegrabenen Erdkuhle ab. Die aus dem Ei schlüpfenden, etwa 2 mm großen Larven nennt man Triungulinus, da an den Endgliedern ihrer Beine je eine Kralle und zwei starke Borsten ausgebildet sind. Diese Larven klettern, sobald sie die Oberfläche erreicht haben, auf Blüten, steigen von dort auf blütenbesuchende Insekten auf und klammern sich an deren Körpern fest. Hierzu dienen zum einen die drei „Klauen" an den Beinen, zum anderen Stachelreihen am Vorderrand des Kopfes, die in die Gelenkhäute des Wirts eingestoßen werden.

Nur in den Nestern von Wildbienen bestimmter, im Erdreich brütender Gattungen (u. a. *Halictus, Anthophora andrena*), kann die Entwicklung weitergehen. Hat die Larve ein falsches

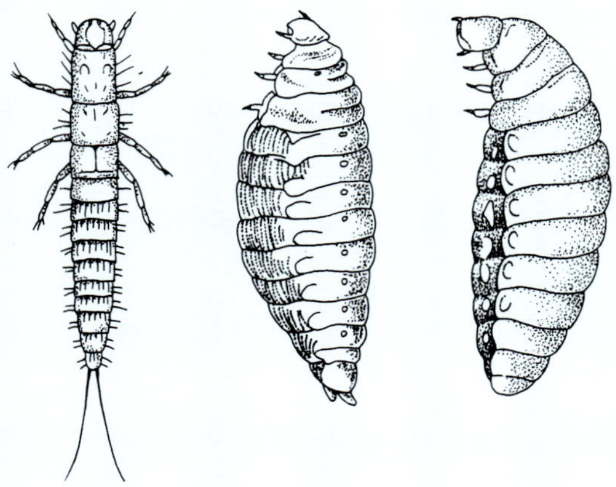

Die drei Larvenformen des Ölkäfers (Meloe spec.): links Triungulinus

„Flugzeug" erwischt, was häufig vorkommt, geht sie unweigerlich zugrunde (s. Seite 39).

Von der Wirtsbiene ins Nest transportiert, springt die Triungulinuslarve von der Biene ab und muß auf das im Nährbrei schwimmende Bienenei gelangen, welches sie sofort auffrißt. Stürzt sie aber in das meist flüssige Pollen-Nektar-Gemisch, ist es um sie geschehen. Wenn alles geglückt ist, läßt sich die Larve von der Biene in der Zelle einschließen. Nach der Häutung zu einer zweiten, jetzt madenartigen Larve, die den gesamten Pollenvorrat auffrißt, tritt nach einer erneuten Häutung zur sogenannten Scheinpuppe eine Larvenruhe ein, die im umgebenden Erdreich stattfindet. Aus der Scheinpuppe schlüpft dann im zeitigen Frühjahr eine weitere Made, die sich erst jetzt zur echten Puppe häutet. Kurze Zeit später entläßt diese einen erwachsenen Käfer.

Bei einem derart komplizierten und risikobehafteten Entwicklungsgang wundert es nicht, daß die Weibchen der Meloe-Arten ungeheuer viele Eier legen (bis zu 10.000) und damit das hohe Risiko der verlustreichen Entwicklung ausgleichen.

Ölkäfer sind aus einem weiteren Grund höchst interessant: Sie enthalten in der Körperflüssigkeit und anderen Körperteilen ein starkes Gift, das Cantharidin. Dieses wird oft als farbiger Tropfen aus den Gelenkhäuten, vor allem der Beine, ausgeschieden. Den Käfern dient dieses Gift wohl als Schutz gegen Freßfeinde. Zusätzlich tragen viele tropische Ölkäfer noch eine typische Warnfärbung: grellrot oder -gelb, kombiniert mit schwarz – ein charakteristisches Signal übelschmeckender Beutetiere.

In der Antike, im Mittelalter, ja bis ins 18. Jahrhundert hinein wurde ein Ölkäferextrakt als Medizin gegen sehr viele Leiden verwendet. Die Namen Pflaster- und Blasenkäfer rühren daher, daß man aus Ölkäfern blasenziehende Pflaster herstellte. Der Namen Pissekäfer belegt die harntreibende Wirkung des Gifts. Weit verbreitet waren Pülverchen und Tabletten als obskure Aphrodisiaka, und es gibt auch die Empfehlung, Ölkäfer zum Zweck amouröser Begegnungen im Essen mitzukochen. Im Frankreich des 18. Jahrhunderts kennt man „Pastilles à la Richelieu" und „Bonbons à la Marquise de Sade", die Cantharidin enthalten haben sollen. Da bei der Anwendung häufig schwere Vergiftungserscheinungen auftraten, die nicht selten zum Tod führten, war der Ölkäferextrakt ein beliebtes Mittel für Giftmorde und Hinrichtungen. Am bekanntesten in dieser Hinsicht ist die sogenannte Spanische Fliege *(Lytta vesicatoria)*, die eben keine Fliege, sondern ein Ölkäfer ist. Ihren Namen verdankt sie dem Gerücht, daß am spanischen Königshof etliche unaufgeklärte Todesfälle „auf ihr Konto gehen" oder gehen sollen.

Der Staub des Tierreichs – die Milben

Milben *(Acari)* sind keine Insekten. Sie gehören neben den Webspinnen *(Araneae)*, den Skorpionen *(Scorpiones)* und den Weberknechten *(Opiliones)* zu den Spinnentieren *(Arachnida)*. Mit ca. 60.000 beschriebenen Arten sind sie die artenreichste Gruppe der Spinnentiere. Viele Milben kommen dank einer sehr hohen Vermehrungsrate auch in großen Individuenzahlen vor. Sämtliche Vertreter der Milben haben nur eine geringe Körpergröße, die kleinste Art, eine Gallmilbe, mißt nur 0,09 mm. Die größten sind die mit Blut vollgesogenen Zeckenweibchen, die 1,5 - 2 cm groß werden können. Milben ernähren sich ursprünglich räuberisch, wie die meisten anderen Spinnentiere auch. Sie besitzen dazu als Mundwerkzeuge Greifzangen, mit denen die Beute gepackt und zerrissen wird. Viele Milbengruppen haben aber diese räuberische Lebensweise aufgegeben und fressen nun Teile von Pflanzen, abgestorbenes organisches Material, oder sie sind zu Tier- und Pflanzenparasiten geworden.

Dementsprechend sind ihre Greifzangen häufig zu Stech- und Saugwerkzeugen umgebildet.

Milben spielen im Naturhaushalt eine bedeutende Rolle. Manche sind Nützlinge, weil sie in der Streu beim Abbau pflanzlicher Materie die Aufgabe übernehmen, die Gewebe anzufressen und damit für die weitere Zersetzung durch Pilze und Bakterien erst zugänglich zu machen. Andere sind Schädlinge, da sie als Vorratsfresser (z. B. Mehlmilbe, Käsemilbe) und Pflanzenparasiten (z. B. Gallmilbe, Spinnmilbe) von Bedeutung sind.

Einige Arten sind von medizinischem Interesse. So kann die Hausstaubmilbe *(Dermatophagoides pteronyssinus)* schwere Allergien hervorrufen, die vor allem in Asthmaanfällen zum Ausdruck kommen. Diese Milbe lebt in Wohnungen überall in Polstern, Betten und Ritzen, und ernährt sich von den Pilzen, die sich auf abgefallenen menschlichen Hautschuppen entwickeln.

Die Krätzmilbe *(Sarcoptes scabiei)* war in früheren Zeiten bei uns in Mitteleuropa häufig, und ist auch heute noch in südlichen Ländern weit verbreitet. Ein befruchtetes Weibchen muß durch Körperkontakt von Mensch zu Mensch übertragen werden. Die Milbe bohrt sich sofort in die Haut ein, wo sie Gänge anlegt, in denen sie ihre Eier ablegt. Die sich dort entwickelnden Larven ernähren sich von Lymphe und Hautzellen. Das typische Krankheitsbild – durchscheinende, entzündete Linien unter der Haut mit schwarzen Punkten – bildet sich aus, wenn sich in den Gängen Kot, Häute und Tiere ansammeln.

Zecken, vor allem der Holzbock *(Ixodes ricinus)* als Krankheitsüberträger sind in neuerer Zeit in aller Munde, da sie eine Form der Hirnhautentzündung (Zeckenencephalitis) und die Borrelioserreger übertragen können. Da mit steigender Saugzeit auch die Wahrscheinlichkeit einer Übertragung steigt, ist es wichtig, eine festgebissene Zecke möglichst schnell zu entfernen. Es ist besser, sie herauszuziehen, als sie (wie häufig empfohlen) mit Klebstoff, Öl oder ähnlichem zu ersticken, da die Zecke im Todeskampf vermehrt Speichel, in dem sich die Erreger befinden, in die Bißstelle injiziert.

Auf Grund ihrer geringen Körpergröße werden Milben von uns Menschen nur wenig beachtet, solange sie uns nicht schädigen. Betrachtet man jedoch mit offenen Augen die Natur, wird man ihnen fast überall begegnen. An Spinnen und vielen Insekten fallen recht häufig braune oder rote unförmige Säckchen auf, die an den verschiedensten Körperstellen hängen (s. Seite 21). Dies sind die Larven der Laufmilben *(Trombidiidae)* oder Süßwassermilben *(Hydrachnellae)*, die in diesem Entwicklungsstadium parasitisch leben. Mit ihren spitzen Mundwerkzeugen durchstechen sie die Haut ihres Wirtes dort, wo sie sehr dünnwandig ist – also stets an den Gelenkhäuten. Neben Insekten und Spinnen befallen manche Arten aber auch Süßwassermuscheln und Säugetiere. Die Larven saugen Körperflüssigkeit, sprich Blut oder Hämolymphe. Die späteren Entwicklungsstadien und die erwachsenen Tiere leben räuberisch.

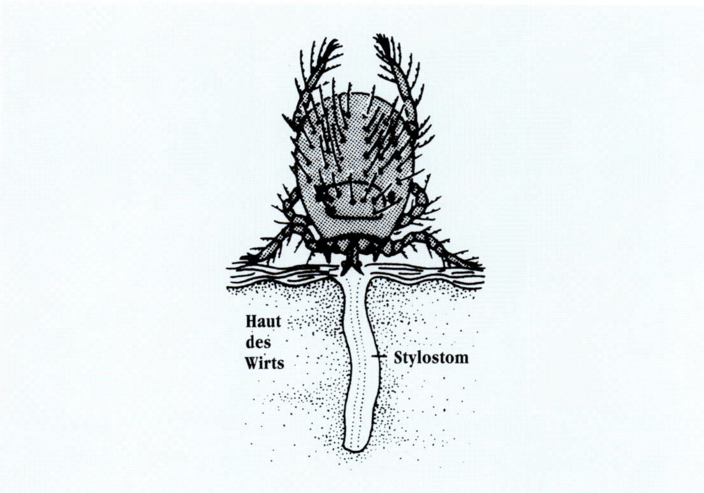

Entenmilbe *(Trombicula autumnalis)* beim Saugvorgang

In die Gruppe der Laufmilben gehört auch ein sehr lästiger Parasit des Menschen: Die überall in Europa vorkommende Erntemilbe (Herbstmilbe, Grasmilbe, *Trombicula autumnalis*). Wer hat nicht schon im Sommer nach einem Spaziergang durch Wiesen oder nach der Gartenarbeit unter jenen kleinen, hochroten, und tagelang stark juckenden Pusteln gelitten, ohne daß ihm Stechmücken, Bremsen oder andere Plagegeister aufgefallen wären? Die Übeltäter sind die Larven der Herbstmilbe, die gerade 0,25 mm groß sind. Sie halten sich in der Vegetation auf und laufen, sobald sie ein „Opfer" ausgemacht haben, auf dessen Körper. Dort suchen sie sich möglichst dünnwandige Hautbereiche. Mit Hilfe von zwei krallenartigen Mundwerkzeugen schaben sie ein Loch in die Haut und geben dort eine gewebeauflösende Flüssigkeit hinein. Diese Prozedur wird so lange wiederholt, bis sich, durch die Abwehrreaktion der Haut unterstützt, ein Röhrchen gebildet hat, durch das Blut und Gewebsflüssigkeit aufgesaugt wird. Nach einiger Zeit (Stunden bis Tage) fällt die Milbenlarve ab und entwickelt sich am Boden weiter. Beginnt die Bißstelle dann zu jucken, wird man vergeblich nach dem Urheber suchen. Die erwachsene Milbe ist ca. 2 mm groß und lebt räuberisch. Ihr braunroter Körper ist mit langen weißen Haaren besetzt. Unter Medizinern ist dieser Parasitenbefall, der in Süddeutschland besonders häufig auftritt, übrigens auch als „Sendlinger Beiß" bekannt, da die Symptome wohl erstmals bei Bauern beschrieben wurden, welche die Sendlinger Wiesen (bei München) bewirtschafteten.

„Sommervögel"

Insekten werden nicht selten als Tiere angesehen, denen man eher mit Gleichgültigkeit, Mißtrauen, oder gar mit Ekel, Abneigung und Furcht gegenübersteht.

Nicht so bei den Schmetterlingen. Sie gehören zu den wenigen Insektengruppen, die über die Jahrhunderte in allen Generationen Entzücken und Begeisterung, ja häufig auch Sammelleidenschaft hervorgerufen haben. Ohne Zweifel muß man sie mit ihrer Farbenpracht zum Schönsten zählen, was die Natur hervorgebracht hat. „Sommervögel" nannte man sie im Mittelalter, und bis auf den heutigen Tag kann sich keiner dem zauberhaften Bild entziehen, das uns eine blühende Sommerwiese bietet, über der zahllose Schmetterlinge gaukeln. Um so erstaunlicher ist es, daß es auch Gerüchte gibt, nach denen Schmetterlinge als arge „Schädlinge" den Kühen auf der Weide die Milch vom Euter wegsaugen sollen. „Schmetter" bedeutet in der alten deutschen Sprache nichts anderes als Schmiere oder Schmalz, und auch in der englischen Bezeichnung für Schmetterling, „butterfly", gibt es einen Bezug zu Fett.

„Wozu ist ein Schmetterling gut?", hat sich einmal der amerikanische Insektenforscher Evans gefragt und auch gleich die Antwort darauf gegeben: „Für den Bauern ist er die ausgewachsene Form einer Kohl- oder Rübenraupe und am besten tot. Für den Insektenforscher gehört er zu den Tagfaltern, einer Gruppe, die zwar Schädlinge umfaßt, aber in der Hauptsache etwas für Liebhaber und Sammler ist. Für den romantischen Dichter ist der Schmetterling ein Stück des Regenbogens, ein Flüstern der Ewigkeit. Für den praktischen Geschäftsmenschen in der Stadt ist der Schmetterling überhaupt nichts."

Für den Zoologen gehören die Schmetterlinge zu den Insekten mit vollständiger Entwicklung und sind eine Gruppe, die mit ca. 160.000 Arten über alle Zonen der Erde verbreitet ist. Besonders artenreich sind sie in den Tropen vertreten. Ihre Größe reicht von wenigen Millimetern bis zu etwa 30 cm Flügelspannweite. Ihre Nahrung besteht aus Nektar, der mit einem langen Rüssel aus den Blüten gesaugt wird. Der relativ einheitliche Körperbau ist geprägt vom Schuppenkleid, das den Leib und vor allem die vier Flügel bedeckt. Die Schuppen sind umgebildete Haare und Träger der Farben in Form von Pigmenten und farberzeugenden Strukturen. Sie bilden die Grundlage für eine schier unendliche Mannigfaltigkeit der Muster und Farben, wobei man sich stets erneut klarmachen muß, daß diese Pracht nicht für uns gemacht ist, sondern im Leben der Schmetterlinge die verschiedenste Funktionen hat – so bei der Erkennung von Artgenossen, der Tarnung oder dem Abschrecken von Freßfeinden.

Da Schmetterlinge auf Blütennahrung angewiesen sind, ist ihre Evolution in der Erdgeschichte parallel mit der Entwicklung der höheren Blütenpflanzen verlaufen. Während dieser Zeit sind Schmetterlinge und bestimmte Blüten „Partner" geworden

(s. Seite 18/19). Die Schmetterlinge übertragen ihren Pollen von Blüte zu Blüte und sorgen so für die Samenbildung, die Blüten ernähren im Gegenzug die Falter. Erste Fossilbelege sind aus dem Jura bekannt, aber erst gegen Ende des Erdmittelalters und zu Beginn der Neuzeit (vor ca. 70 Millionen Jahren) hat wahrscheinlich eine große Artenentfaltung stattgefunden. Schmetterlinge sind also erdgeschichtlich betrachtet eine relativ junge Gruppe.

Die Bestäubung von Blüten durch Schmetterlinge ist sowohl in den gemäßigten Breiten als auch in den Tropen weit verbreitet. Viele Pflanzenarten aus den unterschiedlichsten Familien haben sich an den Besuch von Schmetterlingen angepaßt. Ihre Blüten sind durch einen mehr oder weniger langen Sporn oder eine tiefe Blütenröhre ausgezeichnet, in der sich der Nektar befindet. Dabei muß man zwei prinzipiell verschiedene Typen der „Schmetterlingsblütigkeit" unterscheiden: die Tagfalterblütigkeit, die Beziehung zwischen tagaktiven Faltern und ihren Blüten, und die Nachtfalterblütigkeit. Für Blüten, die von Tagfaltern bestäubt werden, ist es charakteristisch, daß sie tagsüber geöffnet und bunt gefärbt sind, und zwar häufig rosa oder rotviolett. Außerdem senden sie einen angenehmen blumigen Geruch aus und locken mit Farbe und Duft ihre Bestäuber an. Beispiele aus der heimischen Flora sind etwa die Taglichtnelke *(Melandrium rubrum)* oder der Seidelbast *(Daphne mezereum)*.

Im Gegensatz dazu weisen Nachtfalterblüten keine Farben auf. Sie sind weiß, gelblich oder grünlich. In der Nacht spielen Farben bekanntlich keine Rolle! Nachtfalterblumen locken ihre Besucher vielmehr mit dem Geruch, der so intensiv sein kann, daß er für unsere Nasen fast penetrant wirkt. Duft- und Nektarproduktion sind vor allem in der Nacht besonders stark. Beispiele für Nachtfalterblumen sind das Seifenkraut *(Saponaria officinalis)* und die Nachtlichtnelke *(Melandrium album)*.

Besonders schöne Nachtfalterblumen sind die Schwärmerblüten. Bei uns in Mitteleuropa gibt es nur wenige Vertreter, in den Tropen sind sie jedoch sehr häufig. Hier werden die Blüten von großen Schwärmern *(Sphingidae)* genutzt. Man erkennt die Blüten sofort an ihren langen Spornen oder Blütenröhren und den oft weit herausragenden Staubgefäßen und Narben. Die Falter, ihrerseits Rekordhalter in Sachen Rüssellänge, saugen den Nektar im Schwirrflug vor der Blüte stehend.

In Madagaskar gedeiht eine Orchidee mit großen, weißen Blüten, die es zu einiger Berühmtheit gebracht hat. Sie weist einen ca. 30 cm langen, nektargefüllten Sporn auf. Kein Botaniker konnte sich ein Insekt vorstellen, das diese Blüte ausbeuten und bestäuben könnte. Charles Darwin, der sich intensiv mit den verschiedenen Formen von Orchideenblüten auseinandergesetzt hat, studierte auch diese *Angraecum sesquipedale*, die ihm im Gewächshaus als etwas Besonderes aufgefallen war. Ihm war sofort klar, daß es in der Heimat der Pflanze einen Nachtfalter geben mußte, der einen entsprechend langen Rüssel besitzt. Erst 40 Jahre später fand man in einer Insektensammlung einen solchen Schwärmer *(Xanthopan morgani)* und gab ihm, der Vorraussage von Darwin gedenkend, den Beinamen *praedicta*, der Vorausgesagte. Allerdings ist der Schmetterling bis heute noch nie an einer Blüte beobachtet worden!

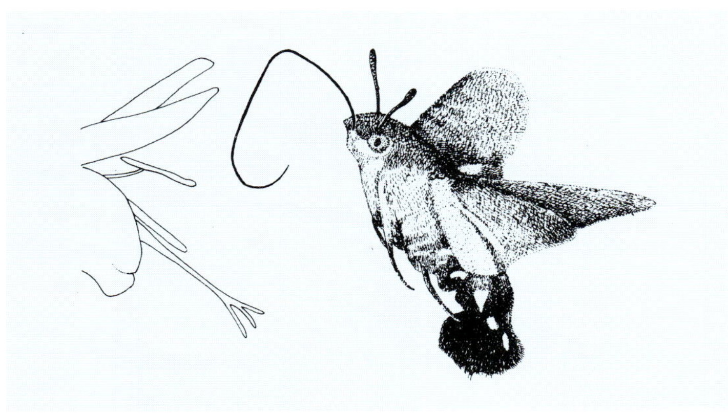

Taubenschwänzchen *(Macroglossum Stellatarum)* vor einer Blüte.

Marienkäfer

Keine andere Käferfamilie wie die der Marienkäfer *(Coccinellidae)* wurde mit so vielen umgangssprachlichen Namen bedacht. Je nach Region werden sie als Glückskäfer, Sonnenkälbchen, Gotteskühlein, Himmelsziege, Frauenküchle oder Herrgottskäfer bezeichnet. Dies spiegelt ein freundliches Verhältnis zu diesen Tierchen und zeigt, daß sie allgemein bekannt und beliebt sind. Ihr Ruf als Glücksbringer rührt vielleicht daher, daß eine der häufigsten Arten bei uns in Mitteleuropa, der Siebenpunkt *(Coccinella septempunctata)*, die magische Zahl Sieben in Form schwarzer Punkte auf seinem roten Panzer trägt. Die Namenskombination mit der Gottesmutter weist auf eine Verbindung mit der Marienverehrung hin und ist nicht nur in der deutschen Sprache gebräuchlich, sondern kommt auch im Französischen (bête de la vierge) und im Englischen (lady beetle) vor.

Marienkäfer sind mit ca. 4.000 Arten weltweit verbreitet. Ihr Verbreitungsschwerpunkt liegt dabei in den Tropen, bei uns in Mitteleuropa zählt man etwa 80 verschiedene Arten. Die meisten messen nur wenige Millimeter, die größten 1 – 1,5 cm. Ihr Körper ist von charakteristischer halbkugeliger Form. Sehr viele Marienkäfer leben sowohl als ausgewachsenes Insekt als auch als Larve räuberisch, nur die wenigsten fressen an Pflanzen. Als Nahrung dienen den räuberischen Arten vor allem Blatt- und Schildläuse, die in großen Mengen verzehrt werden. Eine Larve des Siebenpunkts soll für ihre Entwicklung ca. 420 Blattläuse brauchen. Umgerechnet auf die Nachkommenschaft eines einzigen Weibchens in einem Sommer bedeutet das die Vernichtung von 230.000 Blattläusen. Kein Wunder, daß Marienkäfer in Gärten gerngesehene Gäste sind. Sie wurden und werden auch im großen Stil zur biologischen Schädlingsbekämpfung in Plantagen eingesetzt.

Jeder hat schon einmal einen Marienkäfer in der Hand gehalten und dabei sicher zwei charakteristische Eigenschaften dieser Käferfamilie kennengelernt. Zum einen haben sie einen ausgeprägten Totstellreflex, ziehen Beine, Fühler und Mundwerkzeuge dicht an den Körper heran und werden so zur unangreifbaren Halbkugel. Zum anderen geben sie bei Reizung aus bestimmten Gelenken an den Beinen eine übelriechende, orangefarbene Körperflüssigkeit ab (s. Seite 83). Der Sinn dieser Verhaltensweisen ist bis heute noch nicht genau untersucht. Man kann aber vermuten, daß beides im Zusammenhang mit der Abwehr gegen Feinde steht. Dabei darf man nicht nur an Wirbeltiere (Vögel,

Kleinsäuger, Reptilien) als Feinde denken, sondern vielleicht sogar mehr an Räuber und Parasiten aus den eigenen Reihen, nämlich an andere räuberische oder parasitische Insekten.

Weniger bekannt ist, daß viele Marienkäferarten, die in den gemäßigten Breiten vorkommen, Wanderungen durchführen. Sie treten vor allem dann in großen Schwärmen auf, wenn sie Überwinterungsquartiere suchen. Den Winter verbringen sie dicht gedrängt als Aggregationen in Unterschlüpfen wie unter Rinde, unter Steinen und in Höhlen (s. Seite 161). Man berichtet von Massenauftreten an der Nord- und Ostsee, und es gibt Beobachtungen, daß tausende von Individuen als Schwarm vom Festland nach England gezogen sind. Besonders beeindruckend ist das Schwarmverhalten der nordamerikanischen Marienkäferart *Hippodamia convergens*. Sie kommt häufig in Kalifornien vor. Im Herbst bilden sie riesige Gruppen. Die Tiere fliegen dann aus den Tälern, wo sie den Sommer über leben, mehrere Kilometer weit bis in die höheren Lagen der Sierra Nevada (bis ca. 600 m). Im Frühling kommen sie wieder zurück. Man hat bis zu 42 Millionen Individuen in solchen Winteraggregationen geschätzt!

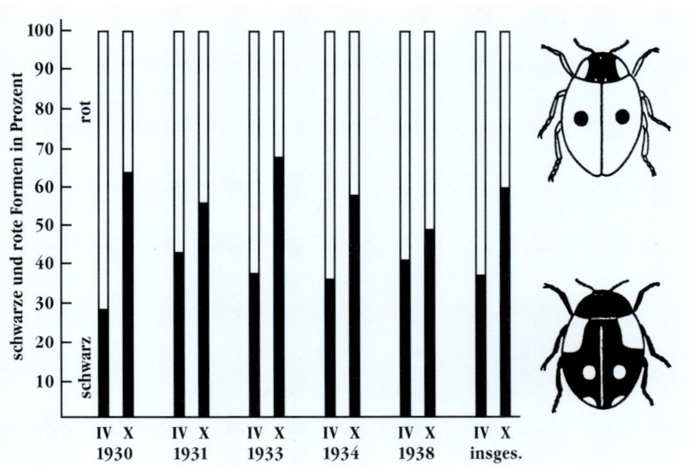

Anteil der roten und schwarzen Formen des Marienkäfers *(Adalia bipunctata)* an einer Überwinterungsstelle in Buch bei Berlin in der Frühjahrspopulation (IV, April) und der Herbstpopulation (X, Oktober).

Bei vielen Marienkäferarten gibt es ganz verschiedene Farb- und Mustertypen (Morphen). Innerhalb solcher Arten sieht demnach nicht jedes Individuum aus wie das andere, sondern es bestehen auffallende Unterschiede in Farbe und Muster (s. Seite 13). Die Häufigkeit bestimmter Typen in einer bestimmten Gegend kann von den Umweltbedingungen abhängen. Zum Beispiel ist der Grad der Dunkelpigmentierung oft temperaturabhängig: Dort wo es feucht und kühl ist, findet man dann von derselben Art mehr Käfer mit dunkler, in trockenen, warmen Klimaten mehr mit heller Färbung. Die Häufigkeit der Morphen kann auch von der Jahreszeit abhängen. So ist es bei dem kleinen heimischen Zweipunkt *(Adalia bipunctata)*, der in einer roten Morphe mit zwei schwarzen Punkten und in einer schwarzen Morphe mit zwei roten Punkten und roten Flügelflecken auftritt – und zwar jahreszeitlich unterschiedlich (s. Seite 13). Im Frühling findet man mehr vom roten, im Sommer und Herbst mehr vom schwarzen Typ. Die Art durchläuft drei Generationen im Jahr. Jede Generation ist durch die mit der Zeit wechselnde Witterung etwas veränderten Umweltbedingungen ausgesetzt. Des Rätsels Lösung ist, daß die schwarze Morphe im Winterquartier eine höhere Sterblichkeitsrate aufweist als die rote. Sie ist empfindlicher gegen die winterlichen Bedingungen, und ihre Häufigkeit ist gering, wenn die Käfer aus dem Winterlager kommen. Die schwarzen Käfer hingegen haben aber eine höhere Vermehrungsrate als die roten und nehmen so im Laufe des Sommers mit jeder neuen Generation an Häufigkeit zu. Vielleicht achten Sie einmal bei Gelegenheit darauf!

Sommerkonzert – der Gesang der Heuschrecken

Was wäre ein lauer Sommerabend ohne das heimelige Zirpen der Grillen, was ein Sommerspaziergang ohne das Lied der Heuschrecken? Jede Wiese, jeder Waldrand beherbergt eine große Anzahl von Musikanten. Kaum eine andere Insektengruppe bei uns assoziieren wir so stark mit dem Sommer und dem Draußensein in der Natur (s. auch Seite 90, 126 und 136).

Die Heuschrecken singen jedoch nicht aus „Frohsinn“ oder gar, um uns den Sommer zu verschönern. Die Lieder der Heuschrekken gehören zum Fortpflanzungsverhalten und dienen dem Zusammenfinden von Männchen und Weibchen. Ihre Gesänge, die mehr oder weniger kompliziert sein können und von ganz unterschiedlichen Lauterzeugungsorganen hervorgebracht werden, sind artspezifisch. Keine Heuschreckenart singt wie die andere, und auch unser Ohr kann diese Unterschiede wahrnehmen, ja die Arten sogar an ihren unterschiedlichen Gesängen erkennen. Das Typische an diesen Lautmustern entsteht dabei durch die Abwandlung z. B. der Länge, der Intensität, der Frequenz oder der Tonhöhe der einzelnen Zirplaute. Die Geschlechtspartner erkennen sich einander am Gesang und finden durch ihn zur Paarung zusammen.

Bei den meisten Laubheuschrecken, zu denen bei uns in Mitteleuropa etwa das große Grüne Heupferd *(Tettigonia viridissima)* oder der Warzenbeißer *(Decticus verrucivorus)* gehören, senden nur die paarungsbereiten Männchen Töne aus. Diese Töne stellen Locksignale dar, welche die Weibchen wahrnehmen können. Sie orten den Sitzplatz des Freiers und laufen zu ihm hin. Die Töne werden mit den basalen Teilen der Flügel erzeugt, die leicht angestellt gegeneinandergerieben werden. Auf der Unterseite des linken Flügels befindet sich eine zu einer harten Struktur umgebildete, stark hervortretende Ader, die sogenannte Schrillader oder Schrilleiste. Sie ist mit feinen Lamellen besetzt. Diese Ader wird – wie ein Kamm über die Tischkante – über eine sogenannte Schrillkante gestrichen, die sich am rechten inneren Flügelrand befindet. Laubheuschrecken sind also „Linksgeiger“.

Direkt neben der Schrillkante liegt ein zwischen Adern aufgespannter, membranöser Flügelbereich, der Spiegel. Er wird als Resonanzboden gedeutet, weil er wahrscheinlich den Schall verstärkt. Die Laute, welche mit diesem Apparat erzeugt werden, reichen oft auch bis weit in den Ultraschallbereich hinein und können zum Teil Werte erreichen, die über 100 kHz liegen.

Wie bei den Laubheuschrecken, singen auch bei den Grillen in der Regel nur die Männchen. Ihre Lauterzeugungsorgane sind prinzipiell ähnlich gebaut, sie verfügen jedoch über ein größeres Lautrepertoire. Normalerweise hören wir den Balzgesang, es gibt

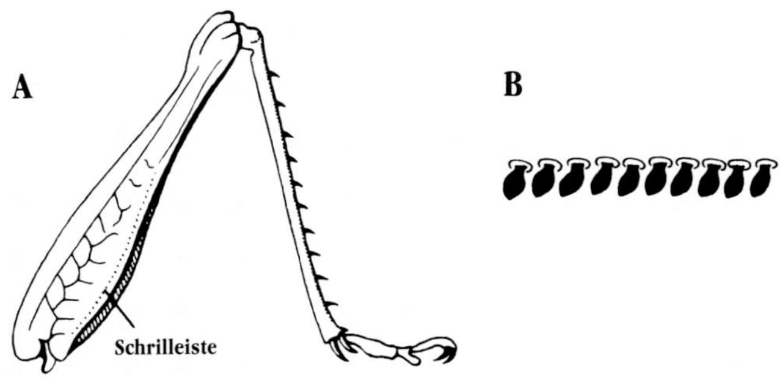

Hinterbein einer Feldheuschrecke. Die Schrilleiste befindet sich auf der dem Körper zugewandten Seite. B zeigt einen Ausschnitt aus der Schrilleiste.

aber auch Rivalen- und Kampfgesänge oder Paarungs- und Störungslaute. Zum Singen stellt ein Grillenmännchen die Flügel in einem Winkel von 45 bis 90 Grad auf und reibt sie gegeneinander, wobei es je nach Art „Rechtsgeiger" und „Linksgeiger" gibt. Manche Arten können auch beides.

In Mitteleuropa findet man vor allem die Feldgrille *(Gryllus campestris)* als besonders häufige Art. Das Männchen lebt in einer selbstgegrabenen, ca. 30 cm langen Erdröhre, an deren Eingang es stunden- und tagelang seinen Werbegesang ertönen läßt. Fremde Männchen werden aus dem Wohnrevier vertrieben. Paarungsbereite Weibchen nähern sich dem Sänger, indem sie ein paar Schritte gehen, peilen, sich nach dem Gesang neu orientieren und dann wieder näher kommen. Daß das Auffinden des Geschlechtspartners allein über die Schallsignale abläuft und nicht etwa optische oder geruchliche Reize zusätzlich eine Rolle spielen, kann man demonstrieren: Ein aus dem Telefonhörer ertönender Feldgrillengesang lockt – weit vom Männchen entfernt – ein paarungswilliges Weibchen zum Telefon!

Mit gänzlich anderen Strukturen erzeugen die Feldheuschrekken Töne. Die Funktion ist jedoch dieselbe. Bei dieser Gruppe liegen entweder auf den Unterschenkeln der Hinterbeine (z. B. *Chorthippus*) oder auf den Flügeln (z. B. *Oedipoda*) aus einzelnen Zäpfchen bestehende Schrilleisten, die mit Kanten auf Hinterbeinen oder Flügeln zusammenarbeiten. Die Töne der Feldheuschrecke entstehen also dadurch, daß mit den Hinterbeinen über die angelegten Flügel gestrichen wird – wie mit einem Geigenbogen über die Saiten. Bei vielen Arten sind Weibchen und Männchen beachtliche Sänger und bewegen sich dabei in einem komplizierten Zusammenspiel von Signal und Signalantwort aufeinander zu.

Doch damit nicht genug: Es gibt noch andere, und zudem ausgefallene Methoden zur Lauterzeugung bei Heuschrecken. Die Knarrschrecken (z. B. *Miramella, Calliptamus*) reiben ihre Kauwerkzeuge aneinander, die Eichenschrecken (*Meconema*) trommeln mit den Hinterbeinen rhythmisch auf den Untergrund, und die Schnarrschrecken *(Psophus)* erzeugen ein schnarrendes Flügelgeräusch beim Fliegen. Letzteres ist aber eher ein Abwehrlaut, eine Bedeutung für die Partnerwerbung ist bisher nicht nachgewiesen.

Alle diese Lautäußerungen müssen natürlich von Hörorganen wahrgenommen werden können. Diese findet man entweder an der Basis des Hinterleibs (Feldheuschrecken) oder unter dem Kniegelenk der Vorderbeine im Unterschenkel (Laubheuschrekken, Grillen). Sie bestehen im Prinzip aus einer dünnen Kutikulamembran, die ähnlich wie ein Trommelfell in Schwingungen versetzt wird, und einem komplizierten Verstärkungs- und Wahrnehmungsapparat.

Seit vielen Jahrhunderten genießen Grillen wegen ihrer Fähigkeit zu musizieren vor allem in China besondere Aufmerksamkeit. Es wird berichtet, daß reiche Damen im Herbst Grillen fingen, sie in goldene Käfige setzten und sich in den Nächten an ihrem Gesang erfreuten. Weniger begüterte Leute begnügten sich mit Bambus- oder Tonkäfigen, die am Gürtel zu befestigen waren. Es existierte ein eigener Handwerkszweig, der sich mit dem Herstellen von Grillenkäfigen beschäftigte. Dabei entstanden oft kleine Kunstwerke, die bis heute überliefert sind. Wegen des aggressiven Verhaltens der Männchen untereinander dienten Grillen auch als Kampftiere, die man auf öffentlichen Plätzen aufeinander losließ, und dabei Wetten auf den Sieger abschloß.

Glühwürmchenzauber

Ohne das Wissen um die wahre Natur der Lichtpunkte, die in warmen, windstillen Juninächten über Wiesen und an Wäldrändern herumgeistern, käme wohl niemand auf die Idee, daß Käfer die Verursacher dieses Schauspiels sind (s. Seite 56). Es handelt sich um die Vertreter der Familie der Leuchtkäfer *(Lampyridae)*, die mit ca. 2.000 Arten und Schwerpunkt in den Tropen über die gesamte Erde verbreitet sind. Die Käfer haben einen länglichen, meist schwarz oder braun gefärbten Körper. Ein breiter Halsschild bedeckt den Kopf. Auffallend sind die riesigen Komplexaugen, die speziell für eine gute Nachtsicht eingerichtet sind. Das meist grünliche Licht, welches die Tiere aussenden, wird von Leuchtorganen produziert, die bei erwachsenen Käfern, und oft auch schon bei Larven, an den verschiedensten Körperstellen sitzen können. Je nach Zahl und Anordnung der Leuchtorgane und dem Zeitpunkt der Abgabe des Lichts können räumlich und zeitlich unterschiedliche Leuchtmuster hervorgebracht werden. Die Leuchtorgane werden vom Fettkörper und dem Außenpanzer gebildet. Sie bestehen aus luminiszierenden Schichten, Reflektorschichten und durchlässigen Fenstern. Das Aus- und Anschalten wird dabei nervös gesteuert.

Die wirksame Substanz heißt Luciferin. Sie wird mit Hilfe von Sauerstoff und ATP, einer energiespendenden Verbindung, oxidiert. Ein zweiter Stoff, das Enzym Luciferase, bringt einen Reduktionsprozeß in Gang, bei dem kaltes Licht entsteht. Die Quantenausbeute bei Leuchtkäfern ist überraschend hoch: 98 Prozent der aufgewandten Energie wird in Licht umgesetzt (im Vergleich dazu hat eine Glühbirne nur einen Wirkungsgrad von 3 Prozent).

Das Leuchten dient dem Zusammenfinden der Geschlechtspartner. Männchen und Weibchen reagieren hochspezifisch auf das nur ihrer Art eigene Leuchtmuster. Bei manchen Arten senden nur die Weibchen, bei anderen beide Geschlechter Lichtsignale aus. In der Regel verharren die Weibchen am Boden, während die Männchen herumfliegen und die Weibchen suchen. Ob überhaupt, und wenn ja, welche Funktion das Leuchten der Larven und sogar bereits der Eier hat, ist bisher nicht bekannt.

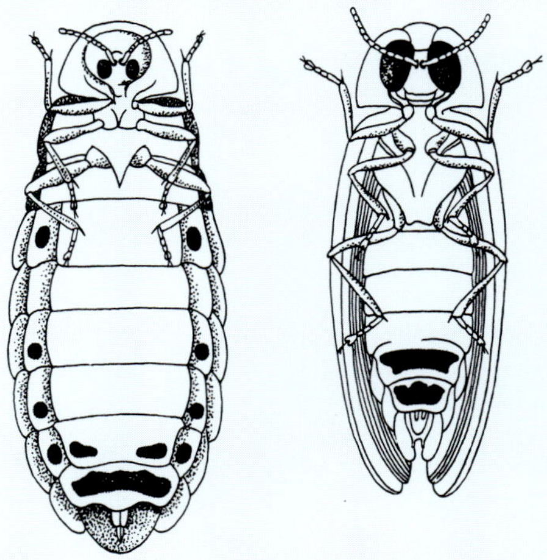

Kleines Johanniswürmchen (*Lamprohiza splendidula*, Lampyridae). Männchen (rechts) und Weibchen (links) (Unterseite). Die Leuchtorgane sind dunkel pigmentiert.

Es ist ein immer wieder in der Natur auftretendes Phänomen, daß Signalempfänger täuschbar sind. Das nutzen die räuberischen Weibchen einer nordamerikanischen Leuchtkäferart der Gattung *Photuris*, die sowohl ihr arteigenes Signal zum Herbeilocken von Männchen senden, als auch das Leuchtmuster einer anderen Photinus - Art nachahmen können. Der getäuschte Freier landet auf diese Weise als Nahrung im Magen des räuberischen Weibchens.

In Mitteleuropa gibt es nur wenige Vertreter der Leuchtkäfer, von denen das Große und das Kleine Johanniswürmchen *(Lampyris noctiluca, Lamprorhiza splendidula)* am häufigsten vorkommen. Bei beiden Arten sitzen die flugunfähigen, wie Larven aussehenden Weibchen am Boden in der Vegetation und senden ihre Leuchtsignale aus. Die Männchen fliegen umher (das Kleine Johanniswürmchen sendet dabei ebenfalls Lichtblitze aus), suchen die Weibchen und landen bei ihnen, um sich zu paaren. Die Eier werden anschließend am Boden abgelegt. Die geschlüpften Larven ernähren sich ausschließlich von Gehäuseschnecken, die sie mit speziell dafür umgebildeten zangenförmigen Mundwerkzeugen beißen und mit Hilfe gewebezersetzender Enzyme Stück für Stück auffressen. Die erwachsenen Käfer der mitteleuropäischen Arten nehmen keine Nahrung auf.

Glühwürmchen haben die Menschen zu allen Zeiten bezaubert und interessiert. Deshalb ist es nicht verwunderlich, daß sie einerseits in der Volksmedizin und Naturbeobachtung, andererseits in der Dichtung eine Rolle spielen. Schon Aristoteles (384 - 322 v. Chr.) erwähnt sie in seinen naturwissenschaftlichen Schriften unter dem Namen Pygolampis, was „am Hinterende leuchtend" bedeutet. Der italienische Gelehrte Aldrovandus (1522 - 1605) äußerte sein Erstaunen darüber, daß man sich nicht die Finger verbrennt, wenn man ein leuchtendes Glühwürmchen anfaßt. Er befaßte sich, wie auch der Engländer Ph. Mouffet in seinem Insektenwerk (1634) und der Italiener Marcello Malpighi (1628 - 1694), bereits ausgiebig mit dem Aussehen, dem Verhalten und der Anatomie dieser Käfer.

Besonders zauberhaft ist das synchronisierte Leuchten, welches bei einigen tropischen Arten auftritt: Die Tiere versammeln sich zu Tausenden während der Paarungszeit an bestimmten Plätzen, z. B. auf Bäumen oder über Lichtungen, und leuchten rhythmisch. So kann es sein, daß ganze Bäume oder Wiesen schlagartig hell erscheinen und dann wieder erlöschen - tropischer Feuerzauber!

Besonders in der chinesischen und japanischen Kunst, aber auch in der Lyrik finden sich immer wieder Leuchtkäfermotive.

Unterm Moskitonetz
Laß ein Glühwürmchen fliegen:
Wird dich beglücken.

(Yosa Buson)

Register der Tiernamen

Bildnachweis

S. 169 links: Weber: Insektenkunde; G. Fischer Stuttgart.
S. 169 rechts, S. 170, S. 171 oben, S. 172 links oben und unten, rechts unten, S. 173, S. 174 rechts und links oben, S. 176 rechts oben und unten, S. 184: Jacobs/Seidel, Wörterbücher der Biologie: Systematische Zoologie - Insekten; Fischer Jena.
S. 171 unten, S. 174 rechts unten, S. 176 links, S. 182, Jacobs Renner, Biologie und Ökologie der Insekten; G. Fischer Stuttgart
S. 172 oben rechts: Ruth Kühbandner, Zoologische Staatssammlung München.
S. 175: Dr. Claudia Gack, Universität Freiburg.
S. 178/179, S. 180, S. 185: Klausnitzer, Bernhard, Wunderwelt der Käfer; Edition Leipzig.
S. 181: Herders Lexikon der Biologie, Bd. 3.
S. 183: Timoféeff-Ressowski, Handbuch der Vererbungslehre; Dresden-Leipzig, 1937.

Alle anderen Abbildungen stammen vom Verfasser.

Sachregister

Nachwort

Vor vier Jahren wechselte ich meinen Wohnort von Ohtsu-shi nach Shiga-cho, da ich noch mehr inmitten der Natur leben wollte. Die beiden Orte liegen nur knapp 20 km voneinander entfernt, aber hier liegt die Landschaft, die ich aus meiner Kindheit kenne. Bereits vor 15 Jahren habe ich damit begonnen, die Gegend zu erforschen und zu fotografieren. Doch erst heute, nach all der Zeit, scheint es mir, als ob meine Augen die Insekten wirklich richtig wahrnehmen können. Ich begegnete diesen Geschöpfen über einen langen Zeitraum hinweg, in dem ich sehr viel von ihnen lernte. Und ich möchte noch mehr lernen. Man kann nicht genug unternehmen, um sich Schritt für Schritt dem Verständnis für die Welt, in der wir leben, zu nähern.

Mitsuhiko Imamori

Die Deutsche Bibliothek – CIP-Einheitsaufnahme

Imamori, Mitsuhiko:
Das Leben der Insekten / Text und Fotos von Mitsuhiko Imamori.
Wiss. Bearb. und Textanh. von Dr. Claudia Gack.
[Übers.: Shuko Hara]. – Ravensburg : Maier, 1992
ISBN 3-473-46002-8
NE: Gack, Claudia [Bearb.]; HST

Die Originalausgabe erschien erstmals 1988 in Japan
bei Fukuinkan Shoten Publishers, Inc., Tokyo

Wissenschaftliche Bearbeitung und Textanhang: Dr. Claudia Gack
Umschlaggestaltung: Ekkehard Drechsel BDG

4 3 2 1 95 94 93 92

ISBN 3-473-46002-8